木瓜蛋白酶的双水相萃取研究

张海德　李国胜　著

科学出版社

北京

内 容 简 介

本书主要介绍了双水相分离技术萃取木瓜蛋白酶，探讨了金属螯合亲和双水相和离子液体双水相等体系萃取木瓜蛋白酶的效果。选择适用于分离提纯木瓜蛋白酶的双水相体系和工艺条件，并探讨了利用双水相萃取技术分离木瓜蛋白酶的影响因素及其萃取机制。

本书适合从事木瓜蛋白酶萃取研究及食品科学、生物化工、制药等相关领域的研究人员、技术人员和高校师生阅读参考。

图书在版编目（CIP）数据

木瓜蛋白酶的双水相萃取研究/张海德，李国胜著. —北京：科学出版社，2018.6

ISBN 978-7-03-057980-5

I. ①木… II. ①张… ②李… III. ①木瓜蛋白酶－萃取－研究

IV. ①O658.2

中国版本图书馆 CIP 数据核字(2018)第 127957 号

责任编辑：郭勇斌　彭婧煜/责任校对：李　影
责任印制：张　伟/封面设计：众轩企划

科 学 出 版 社 出版
北京东黄城根北街 16 号
邮政编码：100717
http://www.sciencep.com

北京中石油彩色印刷有限责任公司 印刷
科学出版社发行　各地新华书店经销
*
2018 年 6 月第　一　版　　开本：720×1000 1/16
2018 年 11 月第二次印刷　　印张：11 3/4
字数：227 000
定价：68.00 元
（如有印装质量问题，我社负责调换）

前　　言

我国番木瓜的栽培历史已有 300 多年，产地主要分布在广东、广西、福建、海南、云南和台湾等，近年来，随着人们对番木瓜的需求量增加，种植番木瓜经济效益的提高，其种植面积在逐步扩大。木瓜蛋白酶[EC 3.4.22.2]存在于番木瓜未成熟果实的乳液中，乳液通过割果实的颈部进行收集，风干后得到粗木瓜酶制品。番木瓜被收割乳汁后，并不影响果实的食用及商品价值，粗木瓜酶制品的生产是番木瓜产业中主要的副产业，经济效益显著。粗木瓜酶制品中至少含有木瓜蛋白酶、木瓜凝乳蛋白酶、木瓜蛋白酶 Ω 及木瓜凝乳蛋白酶 M 4 种酶，其中的木瓜蛋白酶活性不稳定、品质不均，难以在某些领域直接应用，一般要进行纯化后获得较纯的木瓜蛋白酶才有更高的应用价值。

随着木瓜蛋白酶被越来越多地应用到日常生产生活中，对其纯度的要求也越来越高，特别是在一些现代工业及医药领域的应用。目前，各种提纯木瓜蛋白酶的方法效果都不太理想，急需寻求一种新方法生产高品质、高活性的木瓜蛋白酶。双水相萃取技术是近年来发展起来的一种新型的生化分离技术，由于该技术具有生物相容性高、分离条件温和、分离步骤简单、易于放大及不存在有机溶剂残留等优点，已广泛用于各类酶、核酸、生长激素等有效成分的提纯。

本书系统地研究了双水相萃取木瓜蛋白酶的相关理论基础，并进行了相关工艺研究，得到较好的实验结果。希望本书的出版，对高纯度、高活性木瓜蛋白酶的提取具有理论指导意义，对目前制约我国高端木瓜蛋白酶生产技术的关键问题的解决有促进作用；同时，对双水相萃取技术理论的完善起促进作用。

本书主要内容是利用双水相分离技术萃取木瓜蛋白酶，并在此基础上探讨用金属螯合亲和双水相、离子液体双水相等体系萃取木瓜蛋白酶的效果。选择适合用于分离提纯木瓜蛋白酶的双水相体系和工艺条件，并对利用双水相萃取技术分离木瓜蛋白酶的影响因素及其萃取机制进行探讨。

本书结构体系分为木瓜蛋白酶的传统萃取、双水相萃取和亲和双水相萃取三个部分，三个部分的内容既相互关联又有区别，主要围绕木瓜蛋白酶的分离技术，分章节进行编写。全书以作者主持的国家自然科学基金项目（项目批准号：31260401，31660444）的研究内容为主，并融合了作者课题组的多年研究成果。

本书由海南大学张海德、李国胜合著，第一、二章由李国胜执笔，第三、四章由张海德执笔。曾在作者实验室学习和工作过的研究生何继芹、万婧、王伟涛、董安华、彭健、蔡涛等为本书实验数据的获得做了大量工作，在此表示感谢。

作者在实验和写作过程中参阅了大量的相关文献，有了这些参考文献才得以对本书的论题有更深的了解，在此感谢众多文献的作者。

本书的写作和出版，得到了科学出版社编辑的热情帮助，在此致以衷心的感谢！

由于作者水平有限，书中难免有疏漏之处，敬请同行专家、读者批评指正。

作　者

2018 年 2 月

目　录

第1章 木瓜蛋白酶酶学性质
及提取方法研究进展

1.1 木瓜蛋白酶酶学性质及用途

1.1.1 木瓜蛋白酶酶学性质

1. 木瓜蛋白酶的来源

木瓜蛋白酶来源于未成熟番木瓜（*Carica papaya*）果实的新鲜乳汁，番木瓜原产美洲热带地区，我国广东、海南、广西、福建、台湾等均有栽培，为热带名果之一。番木瓜中蛋白酶至少含有 4 种：木瓜蛋白酶[EC 3.4.22.2]（papain）、木瓜凝乳蛋白酶[EC 3.4.22.6]（chymopapain）、木瓜蛋白酶 Ω[EC 3.4.22.30]（papaya proteinase Ω，也称 caricin）、木瓜凝乳蛋白酶 M[EC 3.4.22.25]（chymopapain M，也称 papaya proteinase Ⅳ）（O'Hara et al.，1995），且已知这 4 种蛋白酶的一级结构具有高度同源性。其中，木瓜蛋白酶属巯基蛋白酶，可水解蛋白质和多肽中精氨酸和赖氨酸的羧基端，并能优先水解那些在肽键的 N 端具有两个羧基的氨基酸或芳香族 L-氨基酸的肽键。

2. 木瓜蛋白酶的结构

木瓜蛋白酶是一条蛋白质单链，由 212 个氨基酸残基组成，活性部位由 25 位的半胱氨酸残基、158 位的天冬氨酸残基和 159 位的组氨酸残基组成，而由 6 个半胱氨酸残基组成的 3 对二硫键并不在活性部位。

3. 木瓜蛋白酶的特性

精制的木瓜蛋白酶为白色至浅黄色粉末，能够与水和甘油相溶，其水溶液为无色或浅黄色，也有的会呈现乳白色；几乎不溶于极性小的有机溶剂。木瓜蛋白酶的最适 pH 为 6~7（通常 3~9.5 也可），在中性或偏酸性的环境下也不会完全失活；最适温度为 55~60℃（通常 10~85℃也可），可以忍耐较高的温度，即使在 90℃的环境条件下仍然有活性。

番木瓜乳汁的 4 种蛋白酶的活性中心都含有巯基，虽然巯基容易被氧化而失去活性，但它们对环境条件有很强的适应性。如在中性环境中，一般的酶溶液在 60～70℃时活性急剧下降，木瓜蛋白酶在 pH 低于 4 且温度上升时会迅速不可逆地失活，但其他三种蛋白酶成分却十分稳定，甚至在 pH 为 2 的条件下仍有活性。由于上述较宽的温度和 pH 适应范围使粗木瓜酶制品仍在工业上得到了广泛的应用（沈家柏，1984）。

木瓜蛋白酶与其他酶的一个显著不同点在于它在 8 mol/L 尿素中仍保持完整的活性。木瓜蛋白酶在有机溶剂中相对稳定，如在甲醇（0～50%）、乙二醇（0～40%）、二氧六环（0～30%）等溶液中结构基本不发生变化。木瓜蛋白酶分子上的许多基团都可以在一定条件下发生化学反应。活性巯基（—SH）可以与许多专一性试剂进行烷基化反应。两个木瓜蛋白酶分子中的活性巯基与汞试剂作用后形成—S—Hg—S—桥，它又可被巯基激活剂复原，这就是木瓜蛋白酶的可逆性抑制现象。如果活性巯基被激烈氧化成亚磺酸基，则酶活性不能被复原，这种抑制是不可逆的。木瓜蛋白酶的可逆性抑制在实践中得到了广泛的应用。丝氨酸蛋白酶的专一性抑制剂 DFP 试剂可与木瓜蛋白酶分子中第 123 位的酪氨酸残基发生反应，但这种修饰并不会使木瓜蛋白酶的活性发生变化。木瓜蛋白酶的 α-氨基和 ε-氨基都可经化学修饰而保持其活性，分子中多个酪氨酸残基也可经修饰而不降低活性。这样木瓜蛋白酶分子便可通过这些残基的氨基和酚基与许多水不溶性物质相结合形成具有活性的固定化木瓜蛋白酶，这是当前酶制剂工业发展的一个重要方向，从上述内容可以看到，木瓜蛋白酶所具有的性质是与其分子结构密切相关的（沈家柏，1984）。

木瓜蛋白酶具有比较广泛的专一性，在对底物的分解测定中其主要切点是精氨酸和赖氨酸残基的羧基端。

1.1.2　木瓜蛋白酶用途

木瓜蛋白酶具有耐高温、活性强、稳定性好、蛋白质水解能力强等特性，还具有凝乳、解脂和溶菌的功能，是能作用于各类蛋白质的纯天然产物。该酶还对 pH 变化和金属离子及去垢剂不敏感，用途广泛，目前已应用于食品、医药卫生、日用化学工业、轻纺工业等多个领域。

1. 木瓜蛋白酶在食品领域的应用

（1）肉类加工

木瓜蛋白酶作为嫩肉粉的主要成分，能够使较坚韧的肉类迅速嫩化，节省烹饪时间与能源，提高肉制品的营养价值。木瓜蛋白酶添加在肉中可分解胶原蛋白（collagen）、弹性蛋白（elastin），特别是对弹性蛋白降解作用较强。木瓜蛋白酶是半胱氨酸蛋白酶，能降解胶原纤维和结缔组织中的蛋白质，它将肌动球蛋白和胶原蛋白降解为小分子的多肽甚至氨基酸，令肌肉肌丝和筋腰丝断裂，使肉质变得嫩滑，并简化蛋白质结构使人体食用后易于消化吸收（沈悦，2008）。

在肉类加工中木瓜蛋白酶是最好的肉类嫩化剂，这是因为木瓜蛋白酶与其他蛋白酶相比其热稳定性较高。一般蛋白酶在较低温度时即失活，而肉类结缔组织中的胶原蛋白和弹性蛋白需在 60℃以上才开始变性并变得容易被木瓜蛋白酶降解，且在 70℃左右断裂最多（蔡晓雯等，2003）。40～70℃时木瓜蛋白酶嫩化肉类的活性最强，嫩化作用主要发生在当肉类加工温度逐渐升高而酶还没有完全失活这个阶段。所以在肉类嫩化中使用最多的是木瓜蛋白酶（张文学等，2000）。

（2）啤酒澄清

木瓜蛋白酶应用于啤酒酿造行业时，可以作为澄清剂、稳定剂使用，可以使啤酒的营养价值得到一定的提升。将木瓜蛋白酶用于冷藏储存的啤酒，能水解啤酒内的蛋白质，部分水解一些已形成的复合物，产生更多的多肽或氨基酸，保证啤酒在冷藏过程中的高清澈度，同时改善啤酒的口感及原有多肽和氨基酸的组成和比例，有效地改良啤酒品质。据报道，对冷藏储存过程中的啤酒加入浓度为 0.08 mg/100 ml 的木瓜蛋白酶时澄清效果最佳，可使浑浊度降低 68.75%，可将游离氨基酸苏氨酸（Thr）、缬氨酸（Val）和精氨酸（Arg）的含量分别增加 8.2 倍、0.2 倍和 1.1 倍（乙引等，2000）。

（3）饲料添加

木瓜蛋白酶添加到饲料中能促进蛋白质的吸收和利用，据报道，木瓜蛋白酶添加到生长猪日粮中可增加生长猪的食欲，使其皮肤红润、被毛光滑、猪群生长整齐（宾石玉等，1996）。另外中国水产科学研究院南海水产研究所还将木瓜蛋白酶应用于虾饲料中，实验结果表明，在虾饲料中添加木瓜蛋白酶对虾的生长有促进效果，可使虾产量提高 5%（张庆等，1996），这说明在虾饲料中添加木瓜蛋白酶具有一定的经济效益。

（4）分解各类蛋白质

木瓜蛋白酶在蛋白质的分解方面应用较多。Ye 等（2000）研究了木瓜蛋白酶对甲壳胺的分解作用，实验结果表明，当分子量为$(5～10)×10^5$的木瓜蛋白酶在 pH 4.0、温度 40℃、时间 8 h、酶含量 1.5 mg/ml 的条件下，可很容易地降解甲壳胺；张芝芬等（2002）研究了木瓜蛋白酶对蚌肉蛋白质的水解作用，以三角帆蚌为原料，利用木瓜蛋白酶对蚌肉蛋白质进行水解，正交实验结果表明，酶解最适条件为：温度 50℃、pH 6.5、时间 5 h、加酶量 0.6%，在该条件下，蚌肉蛋白质的水解度为 48.9%，蛋白质回收率达 78.1%；钟耀广（2004）对木瓜蛋白酶水解螺旋藻蛋白进行了研究，确定木瓜蛋白酶水解螺旋藻蛋白的最佳工艺条件为：温度 55℃、pH 6.0、酶底物比为 1：100、水解时间为 2 h。类似的报道还有很多，说明木瓜蛋白酶是一种很重要的蛋白质水解酶。

2. 木瓜蛋白酶在医药卫生领域的应用

木瓜蛋白酶在医药卫生领域越来越受到人们的重视。木瓜蛋白酶在医药卫生领域除了可以帮助消化，消除消化紊乱及作为驱虫剂外，还可以清除挫伤、切断伤、烫伤等各种皮肤表面的溃疡等。华南农业大学与广西壮族自治区亚热带作物研究所合作，用木瓜蛋白酶、抗生素和凡士林作膏剂，对一百多例深层蹄心部化脓性外伤的奶牛进行治疗，木瓜蛋白酶可将严重阻隔药物渗入的疮痂分解，令抗生素直接触及创面细菌，治愈了患病几个月的顽固蹄腐病牛，开创了木瓜蛋白酶用作兽药的先河（江国兴，1991）。

仇凯等（1995）研究了用木瓜蛋白酶制备抗人肝癌单克隆抗体中的 $F(ab')_2$ 及 Fab 片段，其方法是将抗体用激活的木瓜蛋白酶分别在偏酸性和偏碱性条件下消化不同时间，得到 $F(ab')_2$ 和 Fab 片段，经实验可知用木瓜蛋白酶制备 $F(ab')_2$ 及 Fab 片段操作简单，实用性强且其产率及活性均优于胃蛋白酶。

此外，木瓜蛋白酶还可以促进中药成分的有效煎出，用于辅助 Rh 血型的鉴定，关节炎实验模型的建立，肿瘤的辅助治疗等。粗木瓜蛋白酶中分离纯化得到的木瓜凝乳蛋白酶还可以用于治疗腰椎间盘突出症（邓静等，2003）。

3. 木瓜蛋白酶在日用化学工业领域的应用

木瓜蛋白酶有溶解死细胞的能力，且能有区别地消化分解老皮肤而不伤害新皮肤，将其加入化妆品中可淡化黑斑、雀斑，处理坏死组织和伤疤，具有治疗粉刺、增加皮肤弹性和改善肌肤状况的功效。叶启腾等（1999）用木瓜蛋白酶配合多元醇作保护剂、保湿剂制成含酶牙膏和含酶护肤品。若在护肤品中加入木瓜蛋白酶水解过的明胶、皮胶等成分，通过使这类富含脯氨酸、羟脯氨酸的蛋白质分解到平均分子量 2000 以下，使小分子多肽营养能直接通过皮肤被吸收，达到养颜的目的。特别是用木瓜蛋白酶制成的木瓜酶香皂是目前国内市场上非常畅销的一种香皂，它能改善和增强皮肤表皮细胞的新陈代谢，使皮肤具有良好的弹性。

4. 木瓜蛋白酶在轻纺工业领域的应用

（1）在纺织工业中的应用

木瓜蛋白酶还可以应用于纺织工业中，如羊毛制品的处理，经过木瓜蛋白酶处理的羊毛制品收缩性好且抗张强度高，这是因为木瓜蛋白酶只溶解丝胶，而对纤维蛋白全无作用，所以能令丝织物等滑爽柔软。为防止羊毛制品的收缩需对其进行表面处理以脱去胶质或减少胶质含量，一般需先用木瓜蛋白酶加活化剂并用有机溶剂处理，随后以聚亚安酯类作用。国外常用毛纤维含量 1200% 的 C_2Cl_2，0.5% 600 000U 的木瓜蛋白酶、单乙醇胺和焦亚硫酸盐，60℃ 处理羊毛制品 10 min，甩干后浸入 1200% C_2Cl_2 和合成浆料 LKF 中，室温作用 6 min，清洗干燥后，羊毛制品的收缩率可从对照的 16% 降到 0～2.5%（叶启腾等，1999）。

（2）在制革软化中的应用

目前广泛应用于制革生产中的酶以中性蛋白酶为主，其次是碱性蛋白酶，酸性蛋白酶的应用并不多见。从理论上看，皮胶原经浸水、脱毛、浸灰和脱灰处理后，等电点大约为 5.0，因此，在酸性条件下软化，对皮胶原的损害较小，可有效防止软化过度。木瓜蛋白酶属酸性植物蛋白酶，由于其具有较强的水解黏蛋白和类黏蛋白的能力，所以有可能作为软化剂或软化助剂应用于制革工业（刘彦等，1998）。

木瓜蛋白酶被广泛地应用在很多领域，尤其在食品、医药卫生领域受到越来越多的重视。因此，对木瓜蛋白酶分离纯化技术进行深入研究以提取高质量的木瓜蛋白酶具有重要的意义。

1.2　木瓜蛋白酶活性研究方法

酶活性通常又称为酶活力，酶活性测定实际上指的就是酶的定量测定，在研究酶的性质、酶的分离纯化及酶的实际应用工作中都需要测定酶的活性。酶活性测定的目的是了解组织提取液、体液或纯化的酶液中酶是否存在及其含量。

由于酶蛋白的含量甚微，很难直接测定其含量。而且在生物组织中，酶蛋白常常与其他各种蛋白质混合存在，将其提纯耗时费力。因此，与其他物质的定量测定不同，在检测酶的存在与否及含量时，不能直接用重量或体积等指标来衡量，而通常采用该酶催化某一化学反应的能力，即酶活力大小来表示。

酶活力单位即酶单位（U）是衡量酶活力大小即酶含量多少的指标。酶单位的定义是：在一定条件下，一定时间内将一定量的底物转化为产物所需的酶量。由此，酶含量就可以用每克酶制剂或者每毫升酶制剂中含有多少酶单位（U/g 或 U/ml）来表示。

一般而言，可以通过两种方式进行酶活性测定，其一是测定完成一定量反应所需的时间，其二是测定单位时间内酶催化的化学反应量。就本质来说，测定酶活性就是测定产物增加量或底物减少量，因此需要根据产物或底物的物理或化学特性来决定具体酶促反应的测定方法（郑宝东，2006）。现将最常用的测定酶活性的方法介绍如下。

工业上木瓜蛋白酶活性测定方法一般有紫外分光光度法、酶反应法、茚三酮显色法和共振散射光谱法等几种。对不同来源的木瓜蛋白酶用上述前三种方法测定其活性，结果表明以酪蛋白为底物的紫外分光光度法操作简便、成本低廉，适于酶纯化过程中的活性比较和木瓜蛋白酶系列产品及国内商品酶的活性测定；酶反应法反应稳定，重复性好，适于酶学性质的理论研究和出口商品酶的活性测定；以酪蛋白为底物的茚三酮显色法，虽然操作烦琐，但所需仪器简单，测定结果误差较小，因此，在条件简陋的地区也可以用此法来测定木瓜蛋白酶的活性（方焕等，2000）。

1.2.1 紫外分光光度法测定木瓜蛋白酶活性

此法主要参考国际商务标准《植物提取物木瓜蛋白酶》（SW/T 5—2015）（中国医药保健品进出口商会，2015）。

1. 测定原理

蛋白酶可在一定温度、pH 条件下，水解酪蛋白底物产生氨基酸，一定时间后，加入三氯乙酸终止酶反应，未水解的底物沉淀出来，过滤去除沉淀，滤液能吸收紫外线，用分光光度法测其吸光度，以酪氨酸为标准品，绘制标准曲线，依据滤液吸光度值即可计算酶活力。

酶活力单位定义：1 g 固体酶（或 1 ml 液体酶），在温度 37℃、pH 7.0 条件下，1 min 水解酪蛋白底物产生相当于 1 μg 酪氨酸的酶量，为 1 个酶活力单位，以 U/g（或 U/ml）表示。

2. 仪器和设备

分析天平：感量 0.01 mg；恒温水浴锅（37±0.2）℃；pH 计：准确至 0.01；紫外-可见分光光度计；超声波清洗仪；移液器；秒表；温度计：精度 0.1℃。

3. 试剂和溶液

①酶稀释液：称取 L-半胱氨酸盐酸盐（$C_3N_7NO_2S \cdot HCl \cdot H_2O$）5.27 g，氯化钠（NaCl）23.4 g，加水 500 ml 溶解，另取二水合乙二胺四乙酸二钠（$C_{10}H_{14}N_2Na_2O_8 \cdot 2H_2O$）2.23 g，加水 200 ml 完全溶解，将以上两种溶液混匀，用 0.1 mol/L 氢氧化钠溶液或 0.1 mol/L 盐酸溶液调至 pH 5.5，加水稀释至 1000 ml。

②磷酸氢二钠溶液（0.05 mol/L）：称取磷酸氢二钠（$Na_2HPO_4 \cdot 12H_2O$）17.89 g，加水溶解，并定容至 1000 ml。

③酪蛋白溶液：称取经硅胶干燥器中干燥至恒重的酪蛋白（又名干酪素）0.6 g

（精确至 0.2 mg），置烧杯中，加入磷酸氢二钠溶液 80 ml。在沸水浴中边加热边搅拌，直至完全溶解，冷却后用 0.1 mol/L 盐酸调至 pH 7.0，转移到 100 ml 容量瓶中，加水至刻度。现用现配。

④酪氨酸标准溶液：取 105℃干燥至恒重的酪氨酸 25 mg（精确至 0.01 mg）于 50 ml 容量瓶中，加 0.1 mol/L 的盐酸溶液适量使之溶解，以 0.1 mol/L 的盐酸溶液定容。

⑤样品溶液：称取适量试样[8×10^5 U/g 酶活样品称取（40±5）mg，精确至 0.01 mg]于 50 ml 容量瓶中，加少量酶稀释液超声溶解，加酶稀释液至刻度，充分摇匀，必要时过滤；根据不同品种酶活性高低，吸取适量试样溶液置于容量瓶中，加酶稀释液稀释至适当浓度（稀释至试样溶液吸光度值为 0.2～0.6），充分摇匀，供测试用（60 min 内使用）。

4. 操作步骤

①酶样品吸光度：吸取试样溶液 1 ml 置于 25 ml 具塞比色管中，于（37±0.2）℃水浴中保温 10 min，加入在（37±0.2）℃水浴中预热的酪蛋白溶液 5 ml，摇匀，置（37±0.2）℃水浴中，精准反应 10 min，加入三氯乙酸溶液 5 ml，摇匀，于（37±0.2）℃水浴中放置 40 min，取出，冷却至室温，用干燥滤纸过滤，取滤液，2 h 内，在波长 275 nm 处用蒸馏水作参比测出滤液的吸光度，得样品吸光度 $A_{样}$。

②酶样品空白吸光度：吸取试样溶液 1 ml 置于 25 ml 具塞比色管中，于（37±0.2）℃水浴中保温 10 min，加入三氯乙酸溶液 5 ml，摇匀，反应 10 min，加入在（37±0.2）℃水浴中预热的酪蛋白溶液 5 ml，摇匀，于（37±0.2）℃水浴中放置 40 min，用干燥滤纸过滤，取滤液，2 h 内，在波长 275 nm 处用蒸馏水作参比测出滤液的吸光度，即得样品空白吸光度 $A_{空白}$。

5. 酪氨酸标准溶液吸光度

吸取酪氨酸标准溶液 1 ml、2 ml、3 ml、5 ml、10 ml 于 50 ml 容量瓶中，以 0.1 mol/L 的盐酸溶液定容，配制成酪氨酸浓度分别为 10 μg/ml、20 μg/ml、30 μg/ml、50 μg/ml、100 μg/ml 的标品溶液；以 0.1 mol/L 的盐酸溶液作参比，于 275 nm 处测定其吸光度，以吸光度 $A_{标品}$ 为纵坐标，浓度 $C_{标品}$ 为横坐标绘制标准曲线。

6. 结果计算

①样品的吸光度 A，如式（1-1）所示：

$$A = A_{样} - A_{空白} \tag{1-1}$$

式中，A 为样品吸光度；$A_{样}$ 为酶样品吸光度；$A_{空白}$ 为酶样品空白吸光度。

②酶活力单位，如式（1-2）所示：

$$酶活力单位（U/g）=C \times K \times 11 \times 1000/(10 \times M) \qquad (1-2)$$

式中，C 为由标准曲线求得的吸光度 A 所对应的酪氨酸的浓度（μg/ml）；K 为酶溶液稀释倍数；M 为酶样品称样量（mg）；11 为测试管中溶液总体积（ml）；10 为酶水解酪蛋白底物的时间（min）。

1.2.2 酶反应法测定木瓜蛋白酶活性

用 50 mmol 半胱氨酸盐酸、35 mmol EDTA 二钠盐、50 mmol pH 6.0 的磷酸缓冲液配制酶液。酶液浓度（Sigma）为 0.1 mg/ml，其余 5 个样品均为 1mg/ml。酶反应时间分别为 5 min、10 min、30 min、50 min，酶反应温度分别为 20℃、37℃、60℃、80℃、100℃。每个处理均有 3 次重复。具体操作如下：在具塞比色管中分别加入 5 ml 1%酪蛋白溶液。配制方法：取 10 g 酪蛋白于 500 ml 50 mmol Na$_2$HPO$_4$ 溶液中，沸水浴 30 min，不断搅拌，冷却至室温后，用 50 mmol 柠檬酸调 pH 至 6.0，最后用蒸馏水定容至 1000 ml。测定温度下预热 10 min，加入 1 ml 酶液，摇匀，立即准确计时。用 4 ml 20%三氯乙酸溶液终止反应，摇匀后继续在水浴中放置 30 min，然后过滤，对滤液作紫外分光光度法和茚三酮显色法测定。空白对照反应与上述过程不同之处是在酪蛋白溶液中先加入三氯乙酸，摇匀后再加酶液，其他过程相同（何继芹，2008）。

1.2.3 茚三酮显色法测定木瓜蛋白酶活性

精确配制 10 μg/ml 酪氨酸的标准溶液和水合茚三酮溶液。水合茚三酮溶液配制方法：0.5 g 茚三酮溶于 19 ml 乙二醇甲醚中，再加入 6 ml 氯化亚锡（SnCl$_2$）溶液（10 mg SnCl$_2$ 溶于 6 ml 4 mol/L 的乙酸缓冲液，pH 5.5）中。分别取 3 ml 酶反应后的上述滤液和酪氨酸标准溶液于具塞比色管中（对照管中加入 3 ml 磷酸缓冲液），然后各加入 2ml 水合茚三酮溶液和 4 mol/L 的 pH 5.5 的乙酸缓冲液，加盖摇匀，在 100℃水浴中加热 10 min 后，用自来水冲洗冷却至室温，放置 10 min，在 570 nm 处比色，测得酶反应液的吸光度为 A，酪氨酸标准溶液的吸光度为 A_T，求出 1 μg/ml 酪氨酸标准溶液的吸光度 A_0（$A_0=A_T/10$）（方焕等，2000）。

酶活力单位定义：在测定条件下，每分钟水解酪蛋白的三氯乙酸可溶物与茚三酮反应后在 570 nm 处的吸光度等于 1 μg/ml 酪氨酸显色后测得的吸光度时，所需的酶量为一个酶活力单位。

$$酶制剂的活性（U/g 干粉）= \frac{\overline{A}}{t} \cdot \frac{c}{10} \tag{1-3}$$

式中，$\overline{A}$ 为酶反应液经茚三酮显色后在 570 nm 处的吸光度，如 1 μg/ml 酪氨酸标准溶液经茚三酮显色后在 570 nm 处的吸光度；t 为酶反应时间（min）；c 为酶液浓度（g/ml）；10 为酶反应液总体积（ml）。

紫外分光光度法与茚三酮显色法比较，测定值往往偏低，但该方法所需测试仪器简单，主要为恒温水浴锅和紫外分光光度计各一台，步骤简单，容易掌握，且成本低廉。若以每个样品重复一次计算，则每个样品的成本费为：100 个样品以上是 0.5 元左右，30 个样品以下为 1.5 元左右。由于上述优点，该方法为工厂木瓜蛋白酶检测最常用的方法之一，尤其适用于木瓜蛋白酶系列产品酶活性测定及纯化过程中的酶活性比较检测。只要准确控制测定条件，是可以减少误差，提高酶活性的。

1.2.4　共振散射光谱法测定木瓜蛋白酶活性

1. 仪器与试剂

RF-540 型荧光分光光度计；电热恒温水浴锅；TU-1901 双光束紫外–可见分光光度计。

木瓜蛋白酶液：准确称取 0.5 g 木瓜蛋白酶（6000 U/mg），用缓冲液溶解，定容至 50 ml，配成 10 mg/ml 储备液，使用时用缓冲液稀释至所需浓度。

10 mg/ml 酪蛋白溶液：取 1.0 g 酪蛋白，加 0.05 mol/L Na_2HPO_4 溶液 50 ml，置沸水浴中加热 30 min，搅拌，取出冷却至室温，用 0.05 mol/L 柠檬酸溶液调节 pH 至 6.5，同时迅速搅拌，以防止酪蛋白沉淀，用水定容至 100 ml（临用新配）。

5.0×10^{-5} mol/L 十二烷基苯磺酸钠溶液（SDBS）；2 mol/L L-盐酸半胱氨酸溶液。

缓冲液：取 1.79 g $Na_2HPO_4 \cdot 12H_2O$，加 50 ml 水溶解，加二水合乙二胺四乙酸二钠(EDTA-2Na·$2H_2O$)0.244 g、L-盐酸半胱氨酸 0.47 g，溶解，用盐酸或氢氧化钠溶液调节 pH 至 6.5±0.1，用水定容至 100 ml（新配）。所用试剂均为分析纯，水均为二次蒸馏水。

2. 实验方法

在 10 ml 具塞比色管中，加入 1 ml 5 mg/ml 酪蛋白，置 55℃水浴锅中预热 10 min，加入适量 60 U/ml 木瓜蛋白酶，用缓冲液稀释至 1.5 ml，摇匀并开始计时，放回 55℃水浴锅中，60 min 后取出，加入 2 ml 5.0×10^{-5} mol/L SDBS，用二次蒸馏水定容至 5 ml，摇匀，放置 15 min。用荧光分光光度计同步扫描得到体系的共振散射光谱。在 470 nm 处测定体系的散射光强度 $I_{470\,nm}$ 和试剂空白的散射光强度 I_0，计算 $\Delta I = I_{470\,nm} - I_0$ 值。

3. 标准曲线

按照实验方法加入不同活力的木瓜蛋白酶对照品，在 470 nm 处测得体系的 ΔI，绘制标准曲线。

4. 样品测定

称取样品 0.5 g，用缓冲液充分溶解，定容至 50 ml，过滤，取滤液，使用时用缓冲液稀释 20 倍至浓度为 0.5 mg/ml。按实验方法测定样品中木瓜蛋白酶的活性。

共振散射光谱法因操作简便、灵敏度高，除应用于木瓜蛋白酶活性的测定外，已广泛用于生物大分子、药物、无机离子等的痕量分析（黄国霞等，2007）。

1.3　木瓜蛋白酶的传统提取方法

由于番木瓜乳汁中除了含有木瓜蛋白酶还含有其他蛋白酶，这些酶的催化性质不同，所以要对木瓜蛋白酶进行分离纯化后才能应用于工业生产。目前分离纯化木瓜蛋白酶的方法主要有超滤法、盐析法、有机溶剂提取法、絮凝法和亲和层析法等。

1.3.1　超滤法提取木瓜蛋白酶

超滤技术在操作过程中无相变化，不会改变产品的性能和活性，也不用添加任何化学药剂且无需热处理，特别适用于热敏性物质，对热不稳定性产品是安全的。超滤设备和工艺较其他分离方法简单且耗能低，滤膜可以反复多次使用，同时还具有处理量大、处理时间短、样品残留小、产品提收率高等优点。刘叶青等（1996）用超滤技术纯化木瓜蛋白酶。方法如下：先将中空纤维超滤膜洗净，然后，取一定量进行絮凝处理后取上清液，并控制一定压力和流量，进行超滤。谭晶等（2007）探究了用超滤法分离提取木瓜蛋白酶。在超滤过程中像木瓜蛋白酶这样的大分子物质被截留，水及小分子物质等可以穿过超滤膜，达到分离和纯化的目的。超滤技术虽然广泛地应用于蛋白质的分离纯化，但也有一定的局限性，如要分离的两种产品的分子量相差不到 5 倍则无法用超滤法进行分离，粗木瓜蛋白酶制品中的几种蛋白酶分子量相差相对较小；利用超滤法也不能直接得到干粉制剂，对于蛋白质溶液一般只能得到 10%～50%（质量百分浓度）；木瓜蛋白酶属于大分子物质，在超滤过程中会在膜表面聚积而产生浓差极化现象，使超滤速率逐渐下降，且存在木瓜蛋白酶在有机溶剂中易变性及有机溶剂残留等问题。

1.3.2　盐析法提取木瓜蛋白酶

盐析法是对许多蛋白酶进行初步纯化经常采用的方法。其原理为中性无机盐离子在较低浓度时会增加蛋白质的溶解度，但当盐浓度增加到一定的程度时盐离子与蛋白质表面具有相反电荷的离子基团结合使排斥力减弱而凝聚，同时，蛋白质表面的水化膜被破坏而引起蛋白质的沉淀。盐析中常用的中性盐有硫酸铵、硫酸钠、硫酸镁、磷酸钠、磷酸钾、氯化钾等。在酶的分离纯化中常用的是硫酸铵。在番木瓜乳汁中加入一定浓度的氯化钠溶液，由于溶液中高浓度的中性盐离子有很强的水化能力，会夺取木瓜蛋白酶分子的水化层，使木瓜蛋白酶胶粒失水，发生凝聚而沉淀析出。可再用一定浓度的硫酸铵溶液再次盐析，然后调 pH，离心取沉淀，干燥，得酶产品（任国梅等，1997）。

木瓜蛋白酶也可以通过盐析法进行分离纯化，只不过通过此法分离得到的木瓜蛋白酶生物活性较低，不适于医药卫生领域的使用。采用盐析法提取酶要用到大量无机盐，盐的大量使用会增加酶中的灰分含量，从而降低了每克产品中木瓜蛋白酶的生物活性，而且制品含有硫酸铵恶臭气味。因此，盐析法并不是理想的木瓜蛋白酶提取方法。

1.3.3　有机溶剂提取法提取木瓜蛋白酶

有机溶剂提取法具有分辨率高的特点，即一种蛋白质或其他溶质可以只在一个比较窄的有机溶剂浓度范围内沉淀，是对蛋白酶进行初步纯化常用的方法。其原理为有机溶剂的加入降低了溶液的介电常数，增加了蛋白质粒子间的作用力使粒子间静电引力增大而发生聚集和沉淀。选用的溶剂必须是能与水相溶并且不与酶发生任何作用的有机溶剂，常用的有丙酮和乙醇。有机溶剂提取法的优点是分辨率高、溶剂易除去，适于食品级和医药级酶或蛋白质的提纯；缺点是有机溶剂会破坏蛋白质的氢键易引起其变性失活，所以要特别注意搅拌均匀尽可能避免其变性失活。

任国梅等（1997）利用一定浓度的乙醇在不同的条件下提取木瓜蛋白酶，该法提取的木瓜蛋白酶活性比盐析法高，但有程序复杂、提取率较低、木瓜蛋白酶在有机溶剂中易变性及有机溶剂易残留等缺点，因此有机溶剂提取法也有一定的局限性。

1.3.4　絮凝法分离纯化木瓜蛋白酶

絮凝法是将某种化合物添加到番木瓜乳汁提取液中，添加的化合物能与木瓜蛋白酶生成一种复合物，这种复合物难溶于水，因此能够将酶从溶液中沉淀分离出来（何继芹等，2006）。刘叶青等（1996）研究了用絮凝法分离纯化木瓜蛋白酶。步骤如下：在烧杯中装入一定量番木瓜乳汁提取液，不断搅拌下，慢速加入一定量 FC-1（多糖类絮凝剂），再加入 FC-2（无机电解质），调节 pH，搅拌均匀后，静置一定时间，离心（过滤），干燥得到产品。这种提取方法专一性不强，制得的木瓜蛋白酶纯度不高，杂质含量较高。

1.3.5　亲和层析法提取木瓜蛋白酶

亲和层析法又名亲和色谱纯化法（affinity chromatography，AFC），它是 20 世纪 60 年代发展起来的一种高效快速分离纯化蛋白质的技术。亲和层析法以其高选择性、高效率且一步得到高纯度产品的优势成为纯化蛋白质最有效的方法之一。将具有特殊结构的亲和分子制成固相吸附剂放置在层析柱中，当需要分离的蛋白质混合液通过层析柱时与吸附剂具有亲和能力的蛋白质就会被吸附而滞留在层析柱中，那些没有亲和力的蛋白质由于不被吸附直接流出从而与目标蛋白质分开，然后选用适当的洗脱液改变结合条件将被吸附的蛋白质洗脱下来。

1999 年，D'Souza 等（1999）用亲和层析法提取木瓜蛋白酶，即利用偶联于固相载体上的亲和配基对木瓜蛋白酶该特定大分子的亲和作用来达到木瓜蛋白酶的分离和纯化，该法提取的木瓜蛋白酶虽纯度较高，但是操作复杂，不太适合工业上的大规模生产，且用于亲和层析的前处理液需是经过初步纯化的酶液。

1.4　双水相体系及其萃取技术的研究进展

双水相体系（aqueous two-phase system，ATPS）指某些亲水性的聚合物与聚合物或聚合物与无机盐溶解在水中，超过一定浓度能自然分成互不相溶的两相或多相的体系（Jahani et al.，2014）。双水相萃取（aqueous two-phase extraction，ATPE）技术，又称为水溶液两相分配技术，利用组分在两水相间分配的差异而进行组分的分离提纯，是近年出现的极有应用前途的新型生物化工分离技术。

双水相萃取技术最早于 1896 年被荷兰的微生物学家 Beijerinck 发现，当一定浓度的明胶与琼脂或明胶与可溶性淀粉的水溶液混合后，可以得到一种溶液，外观看起来浑浊不透明，将该溶液静置一段时间后可以自动地分为上下两相，上相的主要成分是明胶，下相富含淀粉或者琼脂（Beijernick，1896）。1956 年 Albertsson 首次将双水相萃取技术应用于生物物质的萃取和分离（Albertsson，1985）。由于双水相萃取分离过程条件温和、可调节因素多、易于放大和操作，并可借助传统溶剂萃取的相关理论和经验，不存在有机溶剂残留问题，特别适用于生物物质的分离和提纯。目前已被广泛地应用于核酸、蛋白质和病毒等生物产品的分离纯化，是一种具有广阔应用前景的分离技术（Liu et al.，1998，Lu et al.，2010，Rawdkuen et al.，2011，Ferreira et al.，2012，Riedl et al.，2008）。

1.4.1　双水相体系及其种类

1. 双水相体系

传统的双水相体系主要是双聚合物双水相体系，其成相机制是由于聚合物分子的空间阻碍作用，相互无法渗透，不能形成均一相，从而具有分相的倾向，在一定条件下即可分为两相。一般认为只要两聚合物水溶液的疏水程度有所差异，混合时就可发生相的分离；且疏水程度相差越大，相分离的倾向也就越大。可形成双水相体系的聚合物有很多，典型的聚合物双水相体系有聚乙二醇（PEG）/葡聚糖（DEX）、聚丙二醇/聚乙二醇和甲基纤维素/葡聚糖等。如 PEG/DEX 双水相体系中，上相富含 PEG，下相富含 DEX。这两个亲水聚合物的不相溶性，可用他们各自分子结构上的不同所产生相互排斥来说明。DEX 是一种球形分子，PEG 是一种具有共享电子对的高密度直链聚合物。在聚合物溶于水时，各分子都倾向于在其周围形成具有相同形状、大小和极性的分子。同时，由于不同类型聚合物分子间的斥力大于同它们的亲水性有关的相互吸引力，所以在达到平衡后就有可能分为两相，使两种聚合物分别富集于不同的水相中。

聚合物和一些高价的无机盐也能形成双水相体系。如聚乙二醇与磷酸盐、硫酸铵或硫酸镁等，其成相的机制尚不十分清楚，但一般认为是高价无机盐的盐析作用，使聚合物和无机盐富集于两相中。在双水相体系中，两相的水分都占85%～95%，而且成相的聚合物和无机盐一般都具有生物相容性，生物活性物质细胞在这种环境中不仅不会失活，而且还会提高其稳定性。因此，双水相体系正越来越多地应用于生物技术领域（赵德明，2011）。

2. 双水相体系的种类

近年来双水相体系分离技术的研究成为热点，新的体系层出不穷，应用领域也不断拓展。根据双水相成相物质的不同，双水相体系可分为 6 种：聚合物/聚合物体系、聚合物/无机盐体系、离子液体/无机盐体系、亲水性有机溶剂/无机盐体系、表面活性剂/表面活性剂体系、离子液体/表面活性剂体系。双水相体系的种类及成相原理见表 1-1。从表 1-1 可看出不同组成的双水相体系可以用不同的成相原理解释，但各种原理并不能普遍适用，而且双水相体系本身很复杂，因此，其成相原理及溶液理论有待进一步的研究。

表 1-1　双水相体系的类型及成相原理

类型	成相物质	成相原理
聚合物/聚合物	聚乙二醇/葡聚糖、聚乙烯醇、聚蔗糖、聚乙烯吡咯烷酮	空间阻隔效应
聚合物/无机盐	聚乙二醇或甲氧基聚乙二醇/硫酸钾、硫酸铵、硫酸镁	盐析作用
离子液体/无机盐	[TBA]Cl 或[Bmim]Cl/磷酸氢二钾、硫酸铵、磷酸钾	盐析作用
亲水性有机溶剂/无机盐	乙醇或丙酮/磷酸氢二钾、硫酸铵、柠檬酸铵	盐与有机溶剂竞争水分
表面活性剂/表面活性剂	十二烷基三乙基溴化铵、十二烷基磺酸钠、十二烷基苯磺酸钠	胶束平衡共存
离子液体/表面活性剂	[C$_4$mim]Cl 或[C$_4$mim]BF$_4$/十二烷基苯磺酸钠	复合胶束

1.4.2　双水相萃取原理

双水相萃取的原理与液-液萃取相似，即利用不同物质在不相溶的两相中分配系数的不同而达到分离的目的。但二者萃取体系的性质不同，前者是双水相体系，后者是水-有机溶剂双相体系。当物质进入聚合物或无机盐溶液形成的双水相体系后，由于表面性质、电荷作用和各种分子间作用力的存在和环境因素的影响，使其在两相间进行选择性分配，即在上相、下相中的浓度不同。该物质在两相的浓度比定义为分配系数 K，由于各种物质的 K 值不同，可利用双水相体系对不同物质进行分离。

1. 相图

双水相体系中两相的形成条件和定量关系常用相图来描述，以 PEG/DEX 双水相体系为例，从图 1-1 的体系相图可以直观地看出该体系的成相条件。PEG 和 DEX 这两种聚合物都能与水无限混合，当它们的组成在图中曲线的上方时，体系便会分为两相，分别有不同的密度和组成。T 点表示上相（或轻相）的组成，主要成分是 PEG；B 点表示下相（或重相）的组成，主要成分是 DEX。相图中的曲线 TCB 称为双节线，直线 TMB 称为系线，M 点称为加料点。如果体系的总组成处于双节线下方，则不满足成相条件，体系呈均一的单相。

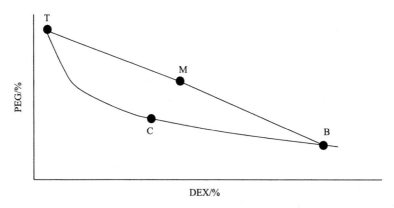

图 1-1　PEG/DEX 双水相体系的相图

两相 T 和 B 的量的关系符合杠杆定律（王雯娟，2004），即

$$\frac{m_T}{m_B} = \frac{\overline{BM}}{\overline{MT}} \tag{1-4}$$

$$R = \frac{V_T}{V_B} = \frac{\overline{BM}}{\overline{MT}} \tag{1-5}$$

式（1-4）中，m_T 和 m_B 分别为上相和下相质量，式（1-5）中，V_T 和 V_B 分别为上相和下相体积，$\overline{BM}$ 和 $\overline{MT}$ 分别为 B 点与 M 点和 M 点与 T 点之间的距离，R 称为相比。又由于两相的密度与水相近（1000～1100 kg/m³），故两相的体积近似服从杠杆定律。系线的长度是衡量两相间相对差别的尺度，系线越长，两相间的组成差别越大，反之则越小。当系线长度趋向于零时，即在图中双节线上的 C 点，两相的差别消失，体系为均一相，因此 C 点称为临界点（critical point）。

2. 组分在双水相体系中的分配系数

双水相萃取与溶剂萃取的原理相似，即被分离物质在双水相体系的两相中的选择性分配。当被分离物质（如酶、核酸、病毒等）进入双水相后，由于表面性质、电荷作用和各种力（如疏水键、氢键和离子键等）的存在和环境因素的影响，物质会在上、下两相进行选择性分配，并表现出一定的分配系数。物质在双水相体系中的分配系数 K 可用式（1-6）表示（严希康，2001）：

$$K = \frac{C_上}{C_下} \tag{1-6}$$

式中，K 为分配系数，$C_上$ 和 $C_下$ 分别为被分离物质在上相、下相的浓度（g/L）。

不同的物质在一般的双水相体系中有不同的分配系数，例如，各种类型的细胞粒子、噬菌体等分配系数都大于 100 或小于 0.01，蛋白质等生物大分子的分配系数为 0.1～10，小分子盐的分配系数为 1.0 左右。所以，双水相体系对物质的分配有着很大的选择性。

当双水相体系处临界点 C 时，任何物质在两相中的分配系数均为 1，此时用双水相体系不能对物质进行分离。因此，双水相体系分离都是在系线上操作。

3. 双水相萃取操作一般流程

通常的双水相萃取操作是将成相物质（固体或浓溶液）加入含有目标萃取物的水溶液中，采用一般的搅拌设备或者静态混合器进行充分混合，然后静置分相。对于混合后分相比较困难的双水相体系，可借助高速离心机加速两相的分离。另外，也有人将聚丙烯中空纤维束按照膜萃取的方式进行操作或者利用喷雾塔的方式来进行双水相萃取。近期的双水相萃取过程仍以间歇操作为主，但是在某些产品的双水相萃取过程中也已经采用了连续操作，还实现了利用计算机对过程进行控制的目标，这些都标志着双水相萃取技术在工业生产中的应用正在趋于成熟和完善（陆强等，2000）。

1.4.3　双水相萃取技术的应用特点

双水相萃取技术是一种可以利用较为简单的设备，并在温和条件下进行简单的操作就可获得较高收率和纯度的新型分离技术。与一些传统的分离方法相比，双水相萃取技术具有如下的优点和缺点。

1. 双水相萃取技术的优点

①生物相容性高。双水相体系的相间张力大大低于有机溶剂与水相之间的相间张力，萃取是在接近生物成分生理环境的条件下进行，双水相体系中的成相物质通常对酶或细胞没有毒性，对生物分子的结构不仅不会破坏，反而有稳定作用，传统的水-有机溶剂双相萃取体系中的有机溶剂往往使生物活性物质变性或者失活。

②萃取条件温和，操作方便。双水相萃取操作过程在常温常压下进行，相分离条件温和，因而会保持绝大部分生物分子的活性。如操作条件选择适当，分相时间短，自然分相时间一般为 5～15 min，可以实现快速分离。在萃取同时，细胞或者细胞碎片、多糖、酯等杂质可与被分离组分快速分开。与传统的过滤法和离心法去除细胞碎片相比，双水相萃取技术无论在收率上还是成本上都优越很多。与其他常用固液分离方法相比，双水相萃取技术可省去 1～2 个分离步骤，使整个分离过程成本更低。

③分离迅速。双水相体系的界面张力小、分相时间短，非常有利于相间的质量传递，传质过程和平衡过程迅速。因此，相对于某些分离过程来说，能耗较低，可以实现快速分离。

④分离提纯效率高。可以通过选择适当的双水相体系，提高分配系数和萃取的选择性。如果体系选择合适，提纯倍数可达 2～20 倍，目标产物收率可达 80%～90%。

⑤过程易于放大和连续操作。双水相的分配系数仅与分离体积有关，按化学工程中的萃取原理可将各种参数按比例放大而产物收率并不明显降低，这是其他过程无法比拟的，这一点对于工业应用尤为有利。该方法还易于进行连续化操作，所需设备简单，可直接与后续提纯工序相连接，无须进行特殊处理。

⑥所需溶剂少，不存在有机溶剂残留。与传统的提取酶等生物活性物质常用的亲和层析法比较，双水相萃取能够在较少的溶剂量和较短的操作时间内获得较高产量的产品。另外高聚物一般是不挥发性物质，因而操作环境对人体无害，不存在溶剂残留。

2. 双水相萃取技术的缺点

双水相萃取技术作为一种新型的萃取分离技术，有很多优点，但也存在一定的局限性，制约了其在工业生产中大规模应用。

①双水相体系易乳化。双水相体系界面张力较小，虽有利于提高传质效率，但是较小的界面张力易导致乳化现象的产生，萃取条件难以控制，使相分离时间延长，导致萃取过程极不稳定，分离效率降低。

②聚合物的价格较高，无机盐处理较难。双水相萃取用到的聚合物的价格比较昂贵，而且体系黏度大，限制了其在工业中大规模的应用；高浓度的盐废水不能直接排入生物氧化池，使其可行性受到环保限制，有些对盐敏感的生物物质会在这类体系中失活。因此，开发廉价双水相体系及功能双水相体系能在很大程度上降低原料成本，即降低双水相萃取技术的成本，从而加大其在工业生产中的推广力度并发挥其技术优势。

③一些聚合物双水相体系分相耗时过长，生产效率不高。

④双水相萃取缺乏理论基础，大部分情况下不能外延。虽然双水相萃取技术在应用方面已经取得了很大的进展，但几乎都是建立在实验基础上的，缺乏对过程规律的认识，目前没有建立一套较为完整的理论和方法来解释并预测物质在双水相体系中的相行为和被分配物质在两相中的分配行为。由于缺乏必要的理论指导，对很多组分在双水相体系中的分配还不能进行有效的计算和预测，要将这一技术开发应用于大规模生产过程，还有许多理论和实践方面的技术问题有待解决（罗永明，2016）。

1.4.4　双水相萃取技术的基础理论

研究表明，分配系数主要与静电作用、疏水作用、亲和作用和界面张力作用有关，所以，分配系数可以用各种相互作用和的形式来表示：

$$\ln K = \ln K_1 + \ln K_2 + \ln K_3 + \ln K_4 \qquad (1\text{-}7)$$

式中，K_1 表示静电作用的贡献；K_2 表示疏水作用的贡献；K_3 表示亲和作用的贡献；K_4 表示界面张力作用的贡献（齐玉，2013；卢艳敏，2012）。

1. 静电作用

静电作用不会对非电解质型溶质分配系数产生影响，因此，在相平衡热力学理论的基础上可以得到表达式（1-8）：

$$\ln K = -\frac{M(\gamma_{p1} - \gamma_{p2})}{RT} \qquad (1\text{-}8)$$

式中，K 为非电解质型溶质的分配系数；M 为溶质的分子量；R 为气体常数 [J/(mol·K)]；T 为绝对温度（K）；γ_{p1} 为聚合物与上相的表面张力；γ_{p2} 为聚合物与下相的表面张力。

但是在实际应用过程中，上下相间的阴、阳离子并不对称，所以在上下相间产生了电位差，形成唐南电势。因此，溶质的分配系数表达式为

$$\ln K = \ln K_0 + \frac{FZ}{RT}\Delta\Gamma \qquad (1\text{-}9)$$

式中，$\Delta\Gamma$ 为相间电位差；K_0 为溶质静电荷为零时的分配系数；F 为法拉第常数；Z 为溶质的静电荷数。

因此，所添加盐种类的不同，上下相间的电位也不相同，从而影响溶质的分配系数与静电荷数的关系。

2. 疏水作用

物质表面疏水区面积占总面积越大，疏水性就越强。一般蛋白质表面都存在疏水基团，在等电点附近，蛋白质疏水性最强，容易受到双水相中疏水性的影响。不考虑其他因素，疏水作用与双水相中蛋白质的分配系数关系为

$$\ln K = HF(HFS + \Delta HFS_{\text{salt}}) \qquad (1\text{-}10)$$

式中，HF 为相间疏水因子；HFS 为蛋白质表面疏水性，ΔHFS_{salt} 为盐浓度的增加而引起的 HFS 值的增量。

在双水相体系中的 pH 为蛋白质或酶的等电点时，蛋白质或酶分子表现为电中性，此时蛋白质或酶的疏水性差异将主要影响分配系数。同时，疏水性一定的蛋白质或酶的分配系数也受双水相体系中成相物质疏水性的影响。因此，有必要确定双水相体系的疏水性尺度，以便在萃取操作时调整和设计目标产物的分配系数。

双水相体系的疏水性与成相聚合物的种类、分子量、浓度，添加盐的种类、浓度及盐析浓度有关。通常 PEG/DEX 体系中两相的疏水性差异远小于 PEG/无机盐体系，并且 PEG/DEX 和 PEG/无机盐等双水相体系的上相（PEG 聚集相）疏水性较大。

3. 亲和作用

蛋白质和酶分子由于其结构的特征，一般其分子表面含有不同的氨基酸结构，这些氨基酸能与很多种类的配基产生特殊的亲和作用。通过一定的方法，将这些配基连接在双水相的成相物质分子上，就构成了具有亲和性质的双水相体系。这类双水相体系中，被分离组分在两相中的分配系数，除了受上述两个因素影响外，主要取决于被分配物质分子表面结构与成相物质间的这种亲和作用。例如，亚氨基二乙酸铜（iminodiacetate-Cu，IDA）对蛋白质表面的酪氨酸有特殊的亲和作用，将其连接在聚乙二醇分子上，形成带有亲和配基的聚乙二醇，具有较多表面酪氨酸的蛋白质趋向分配在富含聚乙二醇相中（林东强等，2000）。因此，可以通过对双水相中成相组分的修饰，形成对被分配物质的亲和作用，调节其在两相中的分配。

虽然至今对双水相体系的形成机制已进行了较多的研究，对双水相形成及物质在双水相中的分配的影响因素也有了较深入的认识，但由于双水相体系中组分间的相互作用非常复杂，目前还没有形成一套完整的理论和方法来解释和预测物质在双水相体系中的分配行为。

4. 界面张力作用

若将非电解质型溶质作为微小的球体粒子，如细胞之类的固体颗粒，忽略重力作用，那么溶质在液体中的界面张力的存在会使它呈不均匀分布，并聚集在双水相体系中具有较低能量的一相中。因此，可以认为，非电解质型溶质的分配系数与相间表面自由能差及溶质的分子量有关，其表达式为

$$\ln K = \frac{-\Delta E}{kT} = \frac{M\Delta\gamma}{RT} \tag{1-11}$$

式中，M 为溶质的分子量；$\Delta\gamma = \gamma_1 - \gamma_2$，为相间溶质表面自由能差（J / mol）。

溶质分配系数的对数与其分子量呈线性关系，在同一个双水相体系中，若

$\Delta\gamma>0$，不同溶质的分配系数随其分子量的增大而减小，同一溶质的分配系数随双水相体系的不同而改变，$\Delta\gamma$ 因双水相体系而异（张海德，2007）。

1.4.5　双水相萃取技术的影响因素

双水相萃取技术受许多因素的制约，因为双水相中的分配系数是由化学电位、疏水作用、生物亲和力、离子大小和被分离物质的构象效应等多种因素所决定。这些因素可分为环境因素和结构因素两个方面。环境因素包括成相聚合物种类与浓度、成相聚合物分子量、盐浓度和种类、双水相体系的 pH、温度、相间电位差、黏度等（罗永明，2016）。

1. 成相聚合物种类的影响

不同聚合物的水相系统显示出不同的疏水性，同一聚合物的疏水性又随其分子量的增加而增加，其大小的选择取决于萃取分离的目的和目标产物的性质。水溶液中聚合物的疏水性按下列次序递增：葡萄糖硫酸盐＜甲基葡萄糖＜葡萄糖＜羟丙基葡萄糖＜甲基纤维素＜聚乙烯醇＜聚乙二醇＜聚丙三醇。这种疏水性的差异对目标产物与相之间的相互作用十分重要。

2. 成相聚合物浓度的影响

聚合物分相的最低浓度为临界点，当系线的长度为零，此时分配系数为 1，被分离物质均匀地分配于两相；随着成相聚合物的总浓度或聚合物/盐混合物的总浓度增大，系线的长度增加，系统远离临界点，此时两相性质的差别也增大，组分在两相中的分配系数改变。聚合物浓度增大会改变双水相系线长度，使两相之间的差别变大，生物分子趋向分配于其中一相。

3. 成相聚合物分子量的影响

聚合物的分子量对分配的影响符合下列一般原则：对于给定的相系统，如果一种聚合物被低分子量的同种聚合物所代替，被萃取的大分子物质，如蛋白质、核酸等，则有利于在低分子量聚合物一侧分配。如对于 PEG/DEX 所形成的双水相体系，若降低 PEG 分子量，则生物分子分配于富含 PEG 的上相中，使分配系数增大；而降低 DEX 分子量，则分配系数减小。即当成相聚合物浓度、盐浓度、温度等其他条件保持不变时，被分配的蛋白质易被相系统中低分子量的聚合物所吸引，易被高分子量的聚合物所排斥。这一原则适用于不同类型的聚合物相体系，也适用于不同类型的被萃取物质。

4. 盐浓度和种类的影响

盐浓度不仅影响蛋白质的表面疏水性，而且扰乱双水相体系，改变各相中成相物质的组成和相比。在双聚合物系统中，无机离子具有各自的分配系数，不同电解质的正负离子的分配系数不同，当双水相体系中含有这些电解质时，由于两相均应各自保持电中性，从而产生不同的相间电位，所以盐的种类影响蛋白质、核酸等生物大分子的分配系数。盐的种类对双水相萃取也有一定的影响，因此变换盐的种类或添加其他种类的盐有助于提高选择性。

5. pH 的影响

调节双水相体系的 pH 可以使蛋白质表面可解离的基团解离，使其表面电荷数发生改变，从而影响其在两相中的分配系数。对于某些对 pH 变化较敏感的蛋白质，pH 的微小变化有时会使蛋白质的分配系数改变 2~3 个数量级。pH 的改变也会影响双水相体系中盐的解离，如对于 PEG/磷酸盐缓冲液双水相体系，改变 pH 可以改变 H_2PO^- 和 HPO_4^{2-} 的比例，会使相间电位发生变化从而影响分配系数。

6. 温度的影响

温度的影响是间接的，它主要影响相的聚合物组成，只有当相系统组成位于临界点附近时，温度对分配系数才具有较明显的作用，温度越高，发生相分离所需的聚合物浓度越高。

7. 相间电位差

盐的分配系数是影响相间电位差最重要的因素。如果盐的阳离子和阴离子在双水相体系中有不同的分配系数，为保持每一相的电中性，必然会在两相间形成大小约为毫伏量级的电位差。

8. 黏度

双水相体系的黏度不仅影响相分离速率和其流动性，还影响物质的传递和颗粒度，特别是细胞、细胞碎片和生物大分子在两相的分配。一般而言，在分子量和浓度相同的条件下，直链聚合物溶液的黏度比支链聚合物溶液的黏度高。由无机盐和聚合物组成的体系黏度比由双聚合物组成的体系黏度高。

1.4.6　双水相萃取技术理论的发展

近年来，双水相萃取技术在应用方面取得了较大的进展，有关双水相体系基础理论方面的研究越来越受到重视，成为研究双水相萃取技术的一个重要方向，取得了不少研究成果。

目前有两种比较成功的模型可以用来分析预测双水相体系的分配行为：一种是由 Edmond 等提出的 Edmond-bgston 方程，称为渗透维里方程；另一种是 Flory-Huggins 晶格模型（章银良等，2001）。渗透维里方程能够比较准确地预测聚合物的成相行为和蛋白质在其中的分配行为，晶格模型能够在粒子能量概念上比较好地拟合实验数据。朱自强等（2001）提出了修正的 NRTL 模型，并成功地预测了 PEG/盐[盐包括$(NH_4)_2SO_4$、$MgSO_4$、Na_2SO_4、Na_2CO_3]双水相体系的液-液平衡相图，与实验数据相比，质量百分浓度平均绝对偏差一般小于 1.0%，最大绝对偏差大多不超过 3%。针对 PEG/$(NH_4)_2SO_4$ 和 PEG/$MgSO_4$ 双水相体系，考虑盐的部分解离平衡关系，重新计算液-液平衡相图，发现考虑盐的部分解离能有效改进液-液平衡相图的关联和预测。Antov 等（2009）研究了果胶酶在 PEG/Na_2SO_4 双水相体系中的分配行为，以响应面为设计方法在统计学的基础上建立了模型，预测了果胶酶分配比与双水相成相剂的关系。谢红国等（2006）用一个改进的多元渗透维里方程关联了 Triton X-100/无机盐双水相体系的相平衡数据，研究表明改进的模型较原模型模拟效果要好。Zafarani-Moattar（2014）等用 Othmer-Tobias 和 Bancroft 方程关联了聚乙烯吡咯烷酮 3500/硫酸钠双水相相平衡数据，结果显示方程拟合较理想。部分学者在探究双水相的机制模型，如 Reschke 等（2015）应用了一种新颖的建模方法，模拟将聚合物、有机盐作为成相剂的双水相体系，运用该建模理论，能较为准确地预测双水相体系成相性质，也可以对复杂的双水相萃取技术的相平衡体系的模型进行预测，这有利于减少过程开发所需的实验数量。

双水相液-液萃取热力学模型的关联方法就是用热力学模型来关联双水相体系的液-液相平衡数据，从热力学的角度来研究双水相体系的溶液理论。许文友等（2001）测定了丁酮-水-碳酸钾体系在 30℃下的液-液相平衡数据，用 Pitzer 理论和 Wilson 方程对相平衡数据进行了关联计算，结果表明，计算值和实验值符合较好。李宇亮等（2013）测定了 298.15 K 条件下溴化 *N*-乙基吡啶离子液体/磷酸二氢钠双水相体系的液-液相平衡数据，并用 Merchuk 方程、Othmer-Tobias 方程等对体系的数据进行了关联，结果较理想。

制作相图是研究双水相萃取分离过程的重要步骤，高向阳等（2017）提出的清-浊点辅助相图制作方法依据双节线的定义修正了传统用浊点来表示临界点的方法，提高了临界点确定的准确度，具有快捷简便、试剂用量少和适用范围广等特点。此法不仅适用于 PEG/$(NH_4)_2SO_4$ 的双水相体系，还适用于其他双水相体系的相图制作，如聚合物/盐、聚合物/聚合物、表面活性剂/离子液体等组成的双水相体系。

1.4.7　双水相萃取技术的工艺流程及设备

1. 双水相萃取技术的工艺流程

下面以双水相聚合物体系 PEG/无机盐萃取目标蛋白为例来说明双水相萃取技术的工艺流程，流程主要由三部分构成：目标蛋白的萃取、PEG 的循环、无机盐的循环。流程图如图 1-2 所示。

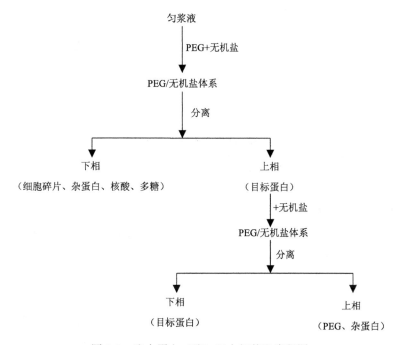

图 1-2　胞内蛋白（酶）双水相萃取流程图

（1）目标蛋白的萃取

原料匀浆液与 PEG 和无机盐在萃取器中混合，然后进入分离器分相。通过选择合适的双水相组成，一般使目标蛋白分配到上相而细胞碎片、核酸和杂蛋白等分配到下相。第二步萃取是将目标蛋白转入富盐相，方法是在上相中加入无机盐，形成新的双水相体系，从而将蛋白质与 PEG 分离，采用超滤或透析技术将 PEG 进行回收利用并将目标蛋白进一步加工处理。

（2）PEG 循环使用

为减少废水处理的费用，降低化学试剂成本，在大规模双水相萃取过程中需将成相材料回收和循环使用。PEG 的回收有两种方法：①在上相中加入无机盐，使目标蛋白质转入富盐相来回收 PEG；②将 PEG 相通过离子交换树脂，用洗脱剂先洗去 PEG，再洗出蛋白质。图 1-3 为胞内酶连续萃取流程。

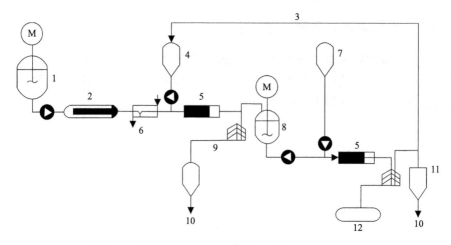

图 1-3　胞内酶连续萃取流程图（罗永明，2016）

1. 细胞悬浮液；2. 球磨机；3. PEG 循环；4. PEG+无机盐；5. 静态混合器；
6. 换热器；7. 无机盐；8. 储罐；9. 下相；10. 废料；11. 上相；12. 产品

（3）无机盐的循环使用

将含无机盐的相冷却，结晶，然后用离心机分离收集。此外，还可采用电渗析法、膜分离法回收无机盐或除去 PEG 相的无机盐。

2. 双水相萃取技术的设备

双水相萃取的基本过程包括双水相的形成、溶质在双水相中的分配和双水相的分离，因此双水相萃取技术的设备是根据这个过程设计的。对于双水相萃取技术的实际应用，在整个过程放大时可以利用目前液-液萃取的原理进行分析，也可以借用液-液萃取设备。

（1）相混合设备

静态混合器是常用的相混合设备之一，静态混合器的混合过程是由一系列安装在空心管道中的不同规格的混合单元完成的。由于混合单元的作用，使流体时而左旋，时而右旋，不断改变流动方向，不仅将中心液流推向周边，而且将周边流体推向中心，从而造成良好的径向混合效果。与此同时，流体自身的旋转在相邻组件连接处的接口上亦会发生作用，这种完善的径向环流混合作用，使物料达到混合均匀的目的。静态混合器的优点是停留时间均匀，无运动部件。在双水相体系中，由于体系的表面张力很低，所以分配能在几分钟内达到平衡，而且界面张力很小，界面能低，搅拌时只需要较小的剪切力就能得到很理想的悬浮液，能耗小（罗永明，2016）。

（2）相分离设备

萃取一般在混合沉降罐中进行，混合沉降罐装有溢流装置，溢流装置由两相密度差决定，它关系整个操作系统的平衡性和稳定性。在萃取达到平衡后，两相一般经过重力沉降或离心分离。重力沉降能耗小，易于控制。对于 PEG/无机盐体系，其液滴直径大，两相之间的密度差小，黏度低，用重力沉降分离效果好。但对于 PEG/DEX 体系沉降耗时长，在生产上是不经济的（张海德，2007）。

混合-澄清器可以用于双水相萃取，但它是借助重力实现相分离的，分离能力低，只能用于聚合物/盐体系的分离。离心萃取器则不同，它是借助离心沉降，因此可用于任何双水相体系。常用的离心沉降设备有管式离心机和碟片式离心机。其中碟片式离心机使用最多，在使用时可以通过调节下相出口半径来调节界面的位置，使其正好处于悬浮液上升到碟片中的入口，这样可以避免由于表面张力太小使已分离的相重新混合。在双水相萃取过程中，当达到相平衡后可采用连续离心法进行相分离，由于达到相平衡所需时间较短，所以双水相萃取容易实现连续操作。

1.4.8　双水相萃取技术与其他技术的集成

集成化概念引入化工分离领域，形成了过程集成化新概念，是化工过程技术概念上的革命。过程集成化是指不同分离技术上的相互渗透，实现优势互补，从而达到整体优化的目的。双水相萃取技术作为一种很有发展前景的生化分离单元操作，其自身也存在一些不足之处，如易乳化、相分离时间较长、分离效率低等，在一定程度上制约了其在工业上的应用。双水相萃取与其他相关技术进行结合，可以将其他技术的优势和特点应用到双水相萃取中，使它们在技术上互相渗透，实现优势互补，从而发挥集成化的优势。集成化具体体现在三个方面：一是与磁场作用、超声波作用、气溶胶技术等常规技术结合，来改善双水相分配技术中成相聚合物回收困难、相分离时间较长、易乳化等问题。二是与亲和沉淀、高效液相色谱等分离技术实现过程集成，提高分离效率，简化分离过程。三是将电泳、生物转化和化学渗透释放等技术引入双水相分配，实现分离技术的创新（罗永明，2016）。

1. 磁场增强双水相分离

磁场增强双水相分离技术是指在双水相体系中添加磁性粒子，利用磁场作用可加速相分离，减少分相时间，纳米磁性粒子还具有特异性结合部分蛋白质和 DNA 的作用。

2. 超声波加强双水相分配

利用固定波长的超声波加速双水相体系中固体小颗粒、小液滴的富集作用，可加速双水相体系的相分离，减少分相时间。如利用超声波辅助的双水相萃取技术从花椒中分离木脂素（Guo et al., 2015），比传统的热回流法萃取率高，木脂素的纯度高、选择性好，萃取时间也大大缩短。

3. 微胶囊和双水相萃取技术集成

借助于微胶囊内外表面的亲水性差异萃取分离，该技术可以避免目标萃取物被高温氧化聚合，提高分离效率（刘品华，2000）。

4. 双水相体系与亲和沉淀技术的集成

双水相分配具有易于直接处理含细胞碎片等固体颗粒物质的优点，亲和沉淀由于引入特异性的亲和作用使得分离效率明显提高，二者相互结合实现集成化，实现优势互补，一方面使亲和沉淀技术能直接处理含固体颗粒的物质，另一方面又提高了双水相分配的单步萃取分离因子，同时解决了亲和配基与目标产物和成相组分的分离问题。在采用双水相萃取技术分离春雷霉素的实验中通过亲和沉淀技术能够避免因发酵醛液的存在而引起的分配系数下降，而且将细胞和抗生素分离在两相，避免了细胞内的降解酶类对抗生素的破坏作用（林东强等，2000）。

5. 双水相体系与电泳技术的集成

通过在双水相体系上施加电场，可成倍地缩短相分离时间。有人采用 U 形管电泳装置研究了双水相体系中血红蛋白的迁移率，观测到界面有阻滞作用；在柱形电泳装置中进行了双水相萃取牛血清白蛋白和牛血清红蛋白的实验，证明了电泳可大大改善蛋白质在两相间的分配，改变电场方向可实现相间的任意迁移，且双水相液-液界面起到了很好的抗热对流作用。因此，双水相电泳为生物分子的成功分离提供了很好的方法（张海德，2007）。

6. 双水相体系与生物转化的集成

双水相生物转化体系就是将生物反应与产物分离集成为一体。在传统的生物转化过程中，转化产物量的增加，常会抑制转化过程的进行，双水相生物转化体系就是把酶催化的生物转化过程和微生物发酵过程放在双水相体系中的某一相进行，而产物分配于另一相中，既可避免产物对生物转化过程的抑制，又可以避免目标产物与反应物及生物体或酶混在一起难以分离。而且，分布在下相的细胞(酶)可以循环，为固定化细胞和酶开辟了新思路（于振等，2014）。杨英等（2008）

研究了双水相体系对微生物转化植物甾醇制备雄烯二酮的影响，结果表明当双水相体系的总浓度为 20% 时转化率较高，且 PEG 10000 和 DEX 20000 的质量百分浓度分别为 12% 和 8% 时，转化率达到了 50% 左右，较质量百分浓度均为 10% 时提高了 5%。

另外，双水相萃取技术与微波辅助萃取、高速逆流色谱、气溶胶增强、溶剂浮选等技术结合，可强化传质、降低乳化、简化工艺过程、提高分离效率、降低能耗及减少溶剂用量等。

1.4.9　双水相萃取技术的研究新进展

目前常见的双水相体系有两类：聚合物/聚合物体系和聚合物/无机盐体系。前者虽能够保证生物活性物质的活性、界面吸附少，但所用聚合物（如葡聚糖）成本较高，且体系黏度大，制约了大规模的工业化生产；后者虽成本低、体系黏度小，但该体系会导致某些敏感的生物活性物质失活，还会产生大量的高浓度盐废水，带来环境问题。因此，寻求新型双水相体系成为今后的主要研究方向之一。

1. 廉价双水相体系

廉价双水相体系主要是寻找一些廉价的聚合物取代价格较高的聚合物，如采用粗葡聚糖、变性淀粉、乙基羟乙基纤维素、阿拉伯树胶、糊精、麦芽糖糊精等代替葡聚糖；用羟丙基纤维素、聚乙烯醇、聚乙烯吡咯烷酮等取代聚乙二醇，制成廉价的双水相体系。Ghosh 等（2004）用粗葡聚糖与标准的成相材料葡聚糖 T-400 比较，在对壳聚糖酶分离效果相同的情况下，前者的价格仅为后者的 13.19%。

王雯娟（2004）研究了采用羟丙基变性淀粉取代葡聚糖与 PEG 构成双水相体系来萃取菠萝蛋白酶，在羟丙基变性淀粉的质量百分浓度为 11.0%，PEG 质量百分浓度为 10.5%，NaCl 浓度为 0.15 mol/L 的条件下，菠萝蛋白酶的分配系数为 3.23，菠萝蛋白酶活性回收率最高达到 71.0%。

2. 表面活性剂双水相体系

表面活性剂双水相体系是指采用表面活性剂为聚合物材料的双水相体系。阴离子表面活性剂和阳离子表面活性剂在一定浓度和混合比范围内、无任何外加物质情况下组成的混合体系，可以形成两个互不相溶和平衡共存的水相。常见的阴离子表面活性剂为十二烷基硫酸钠（SDS）；常见的阳离子表面活性剂为溴化十二烷基三乙铵（$C_{12}NE$）。表面活性剂的作用是改变界面张力、上下相组成等两相特性，从而改变溶质的分配行为。阴阳两种离子型表面活性剂组成的双水相均为很稀的表面活性剂水溶液（浓度在 1% 以下），含水量可达 99%，更适用于生物样品的分离。但阴阳两种离子型表面活性剂以 1∶1 混合时极易发生沉淀，可以通过选择合适的溶剂（如短链脂肪醇）来改善其溶解度和促进特定有序组合体及双水相的形成。朱慎林等（2006）用 $C_{12}NE$ 与 SDS 混合体系形成双水相，以苯丙氨酸为萃取对象研究其在双水相体系中的分配及多级错流萃取效果。结果表明，单级萃取率 80.0% 以上，二级萃取率 99.0% 以上。欧阳叙东（2008）利用该双水相体系从未经机械破碎的大肠杆菌细胞萃取外膜蛋白，结果表明当 Triton X-114 质量百分浓度为 8.0%，萃取时间为 3 h 时萃取效果较佳。

3. 亲和双水相体系

亲和双水相萃取技术是指在两种成相聚合物混合形成双水相体系前，将一种和目标蛋白有很强亲和力的配基（如离子交换基团、疏水基团、染料配基、金属螯合物配基及生物亲和配基等）与其中一种成相聚合物共价结合，这样在双水相体系进行萃取目标蛋白时，目标蛋白就会专一性地进入结合有配基的成相聚合物所在相中，而其他杂蛋白进入另一相。亲和双水相体系不仅具有聚合物双水相体系所有的优点，而且还有亲和吸附专一性强、分离效率高的特点。最近几年亲和双水相萃取技术发展特别迅速，仅仅修饰 PEG 的亲和配基就已经达到十几种，比较多的类型的亲和配基已经得到应用。何继芹等（2006）指出采用亲和双水相萃取的方法，利用金属离子（Cu^{2+}）和木瓜蛋白酶的特异性结合来分离纯化木瓜蛋白酶是一种新型的理想高效的提取木瓜蛋白酶的方法。

4. 温度敏感型双水相体系

聚合物溶液随着温度的升高易形成液-液两相，一相富含聚合物，另一相富含溶剂。因为温度敏感型聚合物分子含有的亲水基团和疏水基团，可与水分子形成氢键，温度变化诱导可改变氢键强弱从而导致聚合物在溶液相中的溶解度发生变化。温度敏感型双水相体系就是根据以上原理，在相分离过程中无需进行萃取后目标产物与聚合物的分离和聚合物回收再利用，只需通过温度变化诱导，就可使聚合物从溶液相中分离出来。

表面活性剂类聚合物及其改性聚合物是目前应用较多的温度敏感型聚合物，包括环氧乙烷-环氧丙烷（EOPO）随机共聚物、嵌段共聚物 EOPOEO 系列、吐温（Tween）和曲拉通（Triton）等非离子表面活性剂、阴阳离子表面活性剂等。构成的常用双水相体系如 EOPO/DEX 体系、EOPO/盐体系、EOPOEO/磷酸盐体系、Triton/H_2O 体系等。EOPO 随机共聚物是最常用的水溶性温度敏感型聚合物，其中环氧乙烷（EO）是亲水基团，环氧丙烷（PO）是疏水基团。EOPO 只有较低的浑浊点（EOPO 的水溶液在高于某一临界温度时分离成两相，该温度点被称为浑浊点），在水溶液中，当温度超过其浑浊点时会形成水的上相和富含聚合物的下相，目标产物分配在水相,同时 EOPO 可以回收利用(于振等,2014)。Tubio 等(2009)研究了 EOPO/枸橼酸钠双水相体系相图,证明了该双水相成相区域随着温度和 pH 的升高而扩大。

1.4.10　双水相萃取技术的应用

双水相萃取在提取中兼具分离功能,工作条件温和,传质速度快,体系易于放大、可连续化操作、节省能耗,因此该技术已经被应用于蛋白质、酶、多肽、抗生素、细胞、病毒等的分离和纯化,在生物小分子的分离和生物无机化学等方面的应用研究也已展开。近年来,双水相萃取技术在生物工程和天然产物分离等领域的研究和应用发展较快,主要集中在以下几个方面。

1. 在生物工程中的应用

双水相萃取技术最先应用的领域是生物产品的分离。目前,双水相萃取技术已应用于蛋白质、酶、菌体、细胞及氨基酸、抗生素等生物小分子物质的分离和纯化。

(1)萃取分离蛋白质

近年来,双水相体系常用于分离乳蛋白中的各种单体蛋白质。冯志彪等(2016)研究了聚乙烯吡咯烷酮(PVP)/K_2HPO_4 双水相萃取技术分配 α-乳清蛋白和 β-乳球蛋白的工艺,结果表明:分配 α-乳清蛋白和 β-乳球蛋白的最佳工艺为:30℃,分子量 10 000 的 PVP 质量百分浓度为 16%,K_2HPO_4 质量百分浓度为 14%,pH 为 7.5。在此条件下 α-乳清蛋白分配在上相,β-乳球蛋白分配在下相,分配系数分别为 7.32 和 0.38,回收率分别为 88.29%和 74.07%。Kalaivani 等(2013)利用 PEG 与柠檬酸盐形成双水相分离 α-乳清蛋白,α-乳清蛋白在聚合物相萃取率为 98%。

盛晶梦等(2016)采用粉末活性炭吸附-双水相萃取法提纯藻蓝蛋白,通过对粉末活性炭添加量和双水相萃取条件进行优化实验,得出最优工艺条件:粉末活性炭添加量为 100 g/L,PEG 4000 质量百分浓度为 4%,磷酸钾盐质量百分浓度为 16%,双水相体系 pH 为 7.0。提纯效果远好于仅使用双水相萃取藻蓝蛋白粗提液,将粉末活性炭吸附法与双水相萃取法联合应用能够达到进一步纯化藻蓝蛋白的目的,且操作简单,纯化效率高。

(2)酶的提取分离

双水相体系在生物和食品用酶方面的萃取及应用研究是最早的,目前其应用主要涉及蛋白酶、果胶酶、脂肪酶、溶菌酶、水解酶等食品活性酶的萃取分离。王伟涛等(2014)采用[C₄mim]Br/K_2HPO_4 双水相体系提取木瓜蛋白酶,响应面实验结果表明：pH 和[C_4mim]Br 的浓度对木瓜蛋白酶的酶活性回收率和纯化因子的交互影响显著；各因素对木瓜蛋白酶萃取的影响从大到小依次为：K_2HPO_4 的浓度、[C_4mim]Br 的浓度、酶添加量、pH。响应面优化得到的最佳萃取条件为：0.30 g/ml 的[C_4mim]Br，0.30 g/ml 的 K_2HPO_4，pH 6.0，酶添加量 3.0 mg/ml，温度 30℃。此条件下木瓜蛋白酶的酶活性回收率为 91.20%，纯化因子 1.73。

Mehrnoush 等（2011）以 14% PEG4000、14% K_2SO_4、3% NaCl、pH 7.0 为条件的双水相体系萃取果胶酶，纯化因子 13.2，果胶酶萃取率 97.6%。

Ooi 等（2009）从 9 种双水相体系中筛选出异丙醇 16%（质量百分浓度，下同），磷酸盐 16%，氯化钠 4.5%组成的最有效体系，从类鼻疽伯克霍尔德菌中纯化了脂肪酶，最佳条件下脂肪酶活性回收率可达 99%。

闻崇炜等（2017）研究了聚乙二醇沉淀法联用 PEG/硫酸铵双水相体系纯化蛋清溶菌酶的工艺。结果表明，向预处理的蛋清液中加 PEG 4000 至质量百分浓度为 16%时，可选择性沉淀除去蛋清中 98.1%的杂蛋白，随后向上清液中加硫酸铵溶液至其质量百分浓度为 4.32%，可以构建 PEG/硫酸铵双水相体系，分离上相即得高纯度溶菌酶。

Yücekan 等（2011）采用 15% PEG 3000、12% Na_2SO_4、5% NaCl、pH 4.5 萃取条件，从番茄中萃取蔗糖水解酶，纯化因子 5.5，酶活性回收率 90%。

双水相萃取不仅对酶的萃取率高，还较好地保留了酶的活性，同时去除萃取过程中产生的细胞碎片，操作简单，在酶萃取方面具有广阔的应用前景。

（3）抗生素的提取分离

近年来，抗生素的滥用、迁移及潜在的生态危害引发了人们对其的高度关注，急需找到一种高效、无污染的分离分析方法来提取分离抗生素。卢昶雨等（2016）构建了[Bmim]Cl/K_2HPO_4 双水相体系，将其用于浮选富集水中的磺胺嘧啶，结果表明，在 25℃条件下，K_2HPO_4 含量为 50 g，离子液体用量为 4 ml，以 40 ml/min 为气浮速率，气浮处理 40 min 后，可以获得较好的浮选富集效果，体系对磺胺嘧啶的气浮效率最高可达 89.4%，可以考虑作为水体中残留抗生素分析检测过程中一种绿色环保、高效经济的富集方法。

柴丽（2013）以乙醇-正丙醇-磷酸二氢钠形成的二元小分子醇/盐双水相体系，研究四环素类抗生素的分配行为，体系 pH 在 4～5，温度（25±0.5）℃，静置 12 h 左右，盐酸土霉素分配系数为 21.95，萃取率达到 86.1%。

Pereira 等（2013）用聚乙二醇及胆碱盐组成的双水相体系从发酵液中萃取四环素，与传统聚合物/盐、盐/盐双水相体系相比较，该体系能够直接萃取出四环素，萃取率 80%以上。结果表明，该方法可以应用于复杂混合物中四环素的提取，为制药工业提取四环素提供了新方法。

（4）萃取氨基酸

苯丙氨酸是人体必需氨基酸之一，属芳香族氨基酸。L-苯丙氨酸是生产新型保健型甜味剂阿斯巴甜的主要原料。孙晨等（2014）采用脂肪醇聚氧烯醚(AEO-7)/盐双水相体系提取 L-苯丙氨酸，实验考察了不同盐（NaCl、Na_2SO_4、Na_3PO_4）、AEO-7 含量、提取时间、加入 L-苯丙氨酸的含量和温度对 L-苯丙氨酸萃取率和分配系数的影响，当 AEO-7 的体积百分浓度为 8%，$Na_3PO_4 \cdot 12H_2O$ 的质量浓度为 85 g/L，温度 40℃，L-苯丙氨酸的质量浓度为 0.5328 g/L，提取时间 60 min 时，L-苯丙氨酸的萃取率和分配系数分别为 98.7%和 15.3。甘林火等（2007）采用 PEG/$(NH_4)_2SO_4$ 双水相体系萃取分离 L-组氨酸，考察了各提取条件对 L-组氨酸在双水相体系中的分配系数和萃取率的影响。结果表明：分配系数随体系 pH 和 PEG 加入量的增大而减小，随着 L-组氨酸初始浓度和 L-赖氨酸加入量的增大而增大；萃取率跟分配系数随体系 pH 和 PEG 加入量的增大而增大，随着 L-组氨酸和 L-赖氨酸加入量的增大而减小。温度和 Na_2SO_4 对分配系数和萃取率的影响都不明显。

（5）提取细胞及细胞器

Edahiro 等（2005）采用聚乙二醇/葡聚糖双水相体系提取花青素含量较高的草莓细胞，花青素含量差异大的细胞被分开，分成 2 个细胞群。双水相体系中添加 1.8 mmol/kg 磷酸钾缓冲液，培养 10 d，花青素含量高的草莓细胞完全分配在下相。熊霞等（2009）采用双水相体系纯化大鼠背根神经节细胞质膜，差速离心后得到的质膜相比相对浓度增加了 2.3 倍，与匀浆液相比增加了 15 倍。

2. 在天然产物分离中的应用

双水相萃取技术作为一种新型的萃取技术已经成功地应用于天然产物的提取分离。目前主要应用于黄酮、生物碱、多酚、多糖、天然色素、萜类和皂苷等植物有效成分的提取分离，但其分离多是有效组分的初级回收，要想得到高纯单体化合物还需要集成色谱分离。

（1）黄酮类分离

近年来，利用双水相萃取技术从不同植物中提取黄酮类化合物的研究报道越来越多。沈美荣等（2016）采用超声波辅助丙酮/硫酸铵双水相体系提取苦荞籽黄酮，确定最佳工艺参数为：液料比 46.65 g/g，硫酸铵质量百分浓度 22.86%，超声温度 44.75℃，超声时间 25 min，在此提取条件下黄酮提取率可达 2.00%，双水相体系所得黄酮提取物纯度高达 62.35%，远高于 80%乙醇所得黄酮提取物纯度（38.12%）。

钟方丽等（2016）利用微波协同双水相法研究了桔梗茎总黄酮的提取工艺及其体外抗氧化性。结果表明，当料液比（m/v）为 1∶40，微波功率为 500 W，醇水比为 0.8∶1，提取时间为 5 min，硫酸铵质量浓度为 0.30 g/ml 时，桔梗茎总黄酮的提取率较高，其平均提取率为 0.793%。汪建红等（2013）利用乙醇/硫酸铵双水相体系提取柠檬渣中的总黄酮，在最优工艺下平提取率均达 1.58%。

（2）生物碱类分离

罗凯文等（2013a）用 PEG 400/(NH₄)₂SO₄ 双水相体系对黄柏中盐酸小檗碱进行了提取研究，发现 15% PEG 400，(NH₄)₂SO₄ 浓度为 3.4 mol/L，pH 9.0，粗提液加入体积与萃取前下相体积比为 1 时，其酶活性回收率可达 99.52%。

罗凯文等（2013b）采用 20%乙醇和 35%(NH₄)₂SO₄ 双水相体系辅助加热回流，对防己粉末中粉防己碱进行了萃取研究，结合高效液相色谱研究了乙醇质量百分浓度、(NH₄)₂SO₄ 体积百分浓度、料液比、pH、回流时间和提取次数对粉防己碱回取率的影响，发现在料液比为 1∶8，pH 为 9.0 时，粉防己碱在上相中的回收率为 84.50%，回流提取 1 次 120 min，防己粗提物的得率为 1.98%，质量百分浓度为 20.30%。

Wang 等（2015）利用聚乙二醇和硫酸铵形成的双水相体系萃取黄连生物碱。通过双水相体系的改变，分别对黄连中 4 种主要生物碱（小檗碱、黄连碱、巴马丁、药根碱）在双水相中的分配行为进行研究，得到最佳萃取工艺条件为：pH 6.0，萃取温度 20℃，聚乙二醇质量百分浓度 20%，(NH₄)₂SO₄ 质量百分浓度 16%，在此条件下，小檗碱、黄连碱、巴马丁、药根碱的最高萃取率分别为 99.79%、98.04%、99.96%、99.39%。

（3）多酚类分离

陈钢等（2016）采用超声耦合乙醇/硫酸铵双水相体系提取茶多酚，以乙醇体积分数、硫酸铵质量浓度、液料比、超声时间、超声温度为影响因素，以茶多酚提取率为响应值，通过响应面分析法得出最佳提取工艺条件为乙醇体积分数 50%、硫酸铵质量浓度 0.25 g/ml、液料比（v/m）70∶1、超声 16 min、超声温度 45℃，茶多酚提取率可达 17.58%。和传统的茶多酚提取方法比，此法操作方便、提取率高、用时短、提取条件温和、易于工厂放大、具有较好的发展前景。

张艳霞等（2016）选取超声辅助乙醇/硫酸铵双水相法提取石榴皮多酚，通过实验确定了形成稳定双水相的乙醇体积分数为 40%，以石榴皮多酚得率为考察指标，在单因素实验的基础上，通过响应面法对超声辅助双水相提取石榴皮多酚的工艺进行优化，得出了最佳工艺参数，建立了提取模型，能较好地预测石榴皮多酚的实际得率。

（4）多糖类分离

目前，对利用单一的双水相萃取技术分离多糖的研究较少，多采用集成高新技术，如超声波、微波、酶、膜分离等技术结合双水相体系分离多糖，同时兼顾了多糖的活性和提取效率，有利于工业化应用。马新辉等（2017）采用超声波/双水相萃取法提取蓝莓多糖，并对双水相萃取工艺进行优化，结合 Design-Expert 软件，通过二次回归得到萃取率和药液量、PEG 6000 含量和 K_2HPO_4 含量的回归模型，且模型的预测结果较好。萃取蓝莓多糖的最佳条件为药液质量百分浓度 60%，K_2HPO_4 质量百分浓度 16.9%，PEG 6000 质量百分浓度 16%，此条件下，平均萃取率为 95.03%，适合蓝莓多糖的萃取。

刘景煜等（2017）研究了乙醇/硫酸铵双水相体系对金针菇多糖的分配效果，并对双节线方程进行拟合。在乙醇质量百分浓度 24%、硫酸铵质量百分浓度为 21%、系线长度为 47.36、分配系数为 10.57 的条件下，金针菇多糖富集于下相硫酸铵水溶液中，萃取率达 92.24%。此法简单高效，适合金针菇多糖的分离纯化。

张鈇孟等（2014）采用乙醇/硫酸铵双水相体系萃取坛紫菜多糖，多糖回收率可达 79.8%，双水相萃取多糖蛋白含量为 1.20%，醇沉多糖蛋白含量为 6.17%，双水相萃取蛋白去除率明显高于传统醇沉法，且脱色效果较好。

（5）天然色素类分离

天然色素在植物原料中分布很广，安全可靠，具有较高的营养价值和药理作用，双水相体系除能有效分离目标色素之外，还能较好地脱除色素中的异味，兼顾提取分离与纯化。近年来，双水相萃取技术在天然色素上的研究报道日益增多。

郭晶莹等（2016）采用异丙醇/盐双水相体系分离栀子黄。正交实验结果表明，35℃，1.6 g 柠檬酸三钠和 2 ml 的异丙醇，在 pH 8.7 的条件下，栀子黄更容易富集于上相，而多糖等杂质富集于下相。相比传统的分离方法，异丙醇/柠檬酸三钠双水相萃取得到的栀子黄，具有很高的色价和 OD 值。运用此双水相体系分离栀子黄，不仅降低了成本，还缩短了分离时间。

刘庆华等（2011）探讨了超声辅助双水相分离提取红花红色素。在新工艺条件下，红花红色素提取率为 0.136%。

信璨等（2012）研究发现采用 25% PEG 400 和 18% Na_2SO_4 组成的双水相体系，在 pH 2.0，温度为 30℃ 的条件下，加入 1 ml 粗提液，月季花色素在上相中的回收率为 98.45%。

Han 等（2013）研究了采用双水相萃取与皂化反应联合的方法从蚕沙中提取叶绿素，当 NaOH 浓度为 0.4 μg/ml，皂化温度和时间分别为 333.15 K 和 2 h 时，叶绿酸钠含量在所研究的范围内达到最大值。

（6）萜类分离

Liu 等（2013）采用[C_8mim] [PF_6]和乙醇建立双水相体系，辅助超高压条件对丹参中二萜类成分进行了研究，在料液比为 1∶20，200 MPa 超高压条件下，二氢丹参酮、隐丹参酮、丹参酮Ⅰ、丹参酮Ⅱ$_A$和丹参新酮的得率分别达到 0.406%、0.930%、2.030%、3.740%和 0.059%。

萜类化合物是精油的主要成分，采用微胶囊与双水相萃取技术联合萃取精油，提取率高、精油活性损失少。王娣等（2012）利用 β-环糊精/硫酸钠双水相体系从百里香中提取精油，在 β-环糊精 0.45 g/ml、硫酸钠 0.20 g/ml、萃取温度 45℃等条件下，精油平均萃取率达 95%。

（7）皂苷类分离

张儒等（2012）研究了 PEG 分子量、成相物质质量百分浓度、pH 和温度等因素对双水相体系萃取人参皂苷的影响，发现 PEG 3350 质量百分浓度为 12%，硫酸铵质量百分浓度为 16%，pH 为 7.0，温度为 60℃时，人参皂苷回收率可达 88.94%。

赵凤平等（2016）采用超声波结合乙醇/硫酸铵双水相体系提取三七总皂苷。在单因素实验基础上，以三七总皂苷提取率为指标，采用 Box-Behnken 响应面法考察乙醇-水质量比、超声时间、硫酸铵用量对提取率的影响。最终得到最佳萃取条件为：乙醇-水质量比 0.50∶1，超声时间 32 min，硫酸铵用量 0.36 g/ml，三七总皂苷提取率达 8.99%。

3. 在金属离子萃取分离中的应用

双水相萃取还可用于金属离子的测定与分离，如测定金属离子的含量及实现金属离子的分离。李春香等（2009）研究了乙醇/硫酸铵双水相萃取镉的主要影响因素，结果表明，在最佳萃取条件下，镉能很好地与其他常见的金属离子分离，萃取率达到 100%，该方法适用于环境中镉的定量测定。da Rocha Patrício 等（2011）采用双水相萃取技术对钴（Ⅱ）、铁（Ⅲ）和镍（Ⅱ）进行了分离提取实验。结果表明，钴（Ⅱ）的萃取率为 99.8%，铁（Ⅲ）为 12.7%，镍（Ⅱ）为 3.17%。

参 考 文 献

宾石玉，盘仕忠，1996. 木瓜蛋白酶在生长猪日粮中的应用[J]. 粮食与饲料工业，(7)：24-26.

蔡晓雯，韩陆奇，江千雍，2003. 肉的嫩化与番木瓜蛋白酶[J]. 肉类研究，(2)：31-32.

柴丽，2013. 二元小分子醇/盐双水相体系中抗生素的分离富集行为[D]. 西安：长安大学.

陈钢，李栋林，史建鑫，等，2016. 响应面试验优化超声耦合双水相体系提取茶多酚工艺[J]. 食品科学，37(6)：
　　95-100.

邓静，吴华昌，周健，2003. 木瓜蛋白酶研究进展[J]. 轻工科技，(3)：5-7.

方焕，生吉萍，吴显荣，2000. 工业生产中木瓜蛋白酶的活性检测方法比较[J]. 食品与机械，80(6)：27-29.

冯志彪，张鹤，姜彬，等，2016. 聚乙烯吡咯烷酮/K$_2$HPO$_4$ 双水相技术分配 α-乳白蛋白和 β-乳球蛋白的研究[J]. 食
　　品工业科技，37(10)：316-319.

甘林火，翁连进，2007. 双水相体系萃取分离 L-组氨酸的研究[J]. 食品工业科技，28(7)：165-167.

高向阳，穆洪涛，方颖，2017. 双水相萃取系统相图制作新方法[J]. 实验室研究与探索，36(30)：16-19.

郭晶莹，张红萍，2016. 异丙醇/盐双水相分离制备高色价栀子黄[J]. 化工技术与开发，45(3)：8-11.

何继芹，2008. 亲和双水相萃取番木瓜中木瓜蛋白酶的研究[D]. 海口：海南大学.

何继芹，张海德，2006. 木瓜蛋白酶的分离方法及其应用进展[J]. 食品科学，10：66-69.

黄国霞，蒋治良，梁爱惠，等，2007. 十二烷基苯磺酸钠共振散射光谱法测定木瓜蛋白酶活力[J]. 光谱学与光谱分
　　析，27(5)：1003-1004.

江国兴，1991. 番木瓜的综合利用概况[J]. 资源开发与保护，(3)：162.

李春香，韩娟，徐小慧，等，2009. 乙醇-硫酸铵双水相萃取-火焰原子吸收光谱法测定镉[J]. 冶金分析，29(9)：60-65.

李宇亮，苏杭，张梦诗，2013. [Epy]Br-NaH$_2$PO$_4$-H$_2$O 离子液体双水相体系液液相平衡测定及关联[J]. 计算机与应
　　用化学，30(5)：463-466.

林东强，朱自强，姚善泾，等，2000. 生化分离过程的新探索——双水相分配与相关技术的集成化[J]. 化工学报，
　　51(1)：1-6.

刘景煜，李晨，肖林刚，等，2017. 双水相萃取法分离纯化金针菇子实体多糖[J]. 食品与发酵工业，43(5)：255-259.

刘品华，2000. 微胶囊双水相提取精油工艺研究[J]. 曲靖师范学院学报，19(6)：40-42.

刘庆华，陈孝娟，于萍，等，2011. 超声结合双水相体系提取红花红色素的研究[J]. 中国药学杂志，46(19)：1482-
　　1485.

刘彦，何先祺，1998. 木瓜蛋白酶在制革软化中的应用[J]. 皮革科学与工程，8(2)：15-18.

刘叶青，周勤，1996. 用絮凝和超滤技术纯化木瓜蛋白酶[J]. 华东理工大学学报（自然科学版），22(1)：43-46.

卢昶雨，崔倩倩，魏凡智，等，2016. [Bmim]Cl/K$_2$HPO$_4$ 双水相体系浮选富集水中的磺胺嘧啶[J]. 应用化工，45(2)：
　　283-285.

卢艳敏，2012. 聚合物或离子液体/柠檬酸钾双水相分离纯化蛋白质的研究[D]. 济南：山东大学.

陆强，邓修，2000. 提取与分离天然产物中有效成分的新方法——双水相萃取技术[J]. 中成药，22(9)：653-656.

罗凯文，黄庆，戈延茹，等，2013a. 双水相体系分离富集黄柏中盐酸小檗碱[J]. 现代中药研究与实践，27(1)：
　　39-43.

罗凯文，戚雪勇，戈延茹，等，2013b. 回流辅助的双水相体系提取防己中粉防己碱[J]. 江苏大学学报（医学版），
　　23(4)：332-336.

罗永明, 2016. 中药化学成分提取分离技术与方法[M]. 上海: 上海科学技术出版社: 319-323.

马新辉, 李镕廷, 赵晓涵, 等, 2017. 双水相体系萃取蓝莓多糖的分配平衡研究[J]. 食品工业科技, 38(3): 211-214.

欧阳叙东, 2008. 嗜酸氧化亚铁硫杆菌外膜蛋白的快速有效分离及双向电泳图谱的建立[D]. 长沙: 中南大学.

齐玉, 2013. 双水相萃取技术分离提取谷氨酸脱氢酶的研究[D]. 哈尔滨: 东北农业大学.

仇凯, 陈志南, 刘智广, 1995. 木瓜蛋白酶制备抗人肝癌单抗 F(ab')$_2$ 及 Fab 片段[J]. 第四军医大学学报, 16(6): 414-417.

任国梅, 陈孜, 1997. 高质量木瓜蛋白酶纯化工艺研制探讨[J]. 药物生物技术, 4(4): 232-235.

沈家柏, 1984. 木瓜蛋白酶简介[J]. 亚热带植物科学, 13(2): 51-56+50.

沈美荣, 李云龙, 俞月丽, 等, 2016. 超声辅助双水相体系提取苦荞籽黄酮[J]. 食品工业科技, 37(15): 243-247.

沈悦, 2008. 番木瓜蛋白酶研究与应用综述[J]. 科技信息, (11): 313-314.

盛晶梦, 张发宇, 袁梦媛, 等, 2016. 粉末活性炭吸附-双水相萃取法提纯藻蓝蛋白工艺研究[J]. 环境工程技术学报, 6(5): 469-475.

孙晨, 刘广宇, 徐培辉, 2014. 非离子表面活性剂双水相萃取氨基酸研究[J]. 粮食与油脂, 27(7): 36-39.

谭晶, 陈季旺, 夏文水, 等, 2007. 超滤分离具有壳聚糖酶活力的木瓜蛋白酶[J]. 食品与机械, 23(6): 20-23.

汪建红, 廖立敏, 王碧, 2013. 乙醇-硫酸铵双水相体系提取柠檬渣中总黄酮研究[J]. 华中师范大学学报（自然科学版）, 47(1): 78-81.

王娣, 任茂生, 许晖, 2012. 利用微胶囊双水相体系萃取百里香精油的研究[J]. 中国调味品, 37(4): 30-33.

王伟涛, 张海德, 蒋志国, 等, 2014. 离子液体双水相提取木瓜蛋白酶及条件优化[J]. 现代食品科技 30(9): 210-215.

王雯娟, 2004. 双水相萃取菠萝蛋白酶的研究[D]. 南宁: 广西大学.

闻崇炜, 赵烨清, 石莉, 等, 2017. 聚乙二醇沉淀联用双水相萃取法纯化蛋清溶菌酶的研究[J]. 生物技术通报, 33(5): 89-93.

谢红国, 王跃军, 孙谧, 2006. Triton X-100-无机盐双水相体系的相平衡模型及碱性蛋白酶在该体系中的分配系数模型[J]. 化工学报, 57(9): 2027-2032.

信璨, 常丽新, 贾长虹, 2012. 双水相萃取法分离纯化月季花色素[J]. 河北联合大学学报（自然科学版）, 34(2): 56-60.

熊霞, 沈剑英, 李建军, 等, 2009. 大鼠背根神经节细胞质膜的双水相法纯化及其蛋白质组学研究[J]. 生物化学与生物物理进展, 36(11): 1458-1468.

许文友, 任万忠, 邹旭华, 等, 2001. 丁酮-水-氟化钾及丁酮-水-碳酸钾液-液相平衡数据的测定和关联[J]. 化学工程, 29(4): 43-47.

严希康, 2001. 生化分离工程[M]. 北京: 化学工业出版社: 169-187.

杨英, 姜绍通, 潘丽军, 等, 2008. 双水相系统微生物转化植物甾醇制备雄烯二酮研究[J]. 食品与发酵工业, 34(9): 61-64.

叶启腾, 陈强, 1999. 木瓜蛋白酶的应用[J]. 广西热作科技, (4): 34-35.

乙引, 陈平, 王茜, 等, 2000. 木瓜蛋白酶改良啤酒品质的研究[J]. 贵州农业科学, 28(4): 14-16.

于振，陈娟，周雪林，等，2014. 双水相萃取技术的应用研究进展[J]. 农产品加工（学刊），(9)：54-57.

张海德，2007. 现代食品分离技术[M]. 北京：中国农业大学出版社：216.

张海德，王伟涛，蒋欣欣，2013. 木瓜蛋白酶在亲和双水相系统中的分配行为及机制研究进展[J]. 食品安全质量检
　　测学报，4(2)：328-332.

张庆，李卓佳，陈康德，等，1996. 对虾饲料中添加木瓜蛋白酶的研究[J]. 饲料工业，17(5)：8-10.

张儒，张变玲，谢涛，等，2012. 双水相体系萃取人参根中人参皂苷的研究[J]. 天然产物研究与开发，24(11)：
　　1610-1613.

张鉥孟，陈美珍，2014. 乙醇-硫酸铵双水相体系萃取坛紫菜多糖[J]. 食品科学，35(22)：46-49.

张文学，胡承，李仕强，等，2000. 番木瓜资源的应用状况[J]. 四川食品与发酵，(1)：26-34.

张艳霞，朱彩平，邓红，等，2016. 超声辅助双水相提取石榴皮多酚[J]. 食品与发酵工业，42(12)：150-156.

张芝芬，杨文鸽，夏文水，2002. 木瓜蛋白酶对蚌肉蛋白质的水解[J]. 无锡轻工大学学报，21(3)：299-301.

章银良，王章存，张文叶，等，2001. 双水相液-液相平衡的热力学模型及关联方法[J]. 郑州轻工业学院学报，16(2)：
　　22-25.

赵德明，2011. 分离工程[M]. 杭州：浙江大学出版社：199.

赵凤平，贾成友，张传辉，等，2016. 乙醇-硫酸铵双水相提取三七总皂苷工艺的优化[J]. 中成药，38(9)：2059-2062.

郑宝东，2006. 食品酶学[M]. 南京：东南大学出版社：56-57.

中国医药保健品进出口商会，2015. 植物提取物　木瓜蛋白酶：SW/T 5—2015[S/OL].(2015-11-20)[2017-12-02].
　　http://file4.foodmate.net/foodvip/web/viewer.html?file=../biaozhun/2016/SWT5-2015.pdf.

钟方丽，王文姣，王晓林，等，2016. 微波协同双水相提取桔梗茎总黄酮及抗氧化活性研究[J]. 食品工业科技，
　　37(12)：267-271.

钟耀广，2004. 木瓜蛋白酶水解螺旋藻蛋白的研究[J]. 食品科学，25(9)：135-136.

朱慎林，朴香兰，沈刚，2006. 表面活性剂双水相萃取分离氨基酸研究[J]. 化学工程，34(3)：4-6.

朱自强，关怡新，李勉，2001. 双水相系统在抗生素提取和合成中的应用[J]. 化工学报，52(12)：1039-1048.

Albertsson P A，1985. Partitioning of cell particles and macromolecules[J]. Nature，182：709-711.

Antov M，Omorjan R，2009. Pectinase partitioning in polyethylene glycol 1000/Na$_2$SO$_4$ aqueous two-phase system：
　　statistical modeling of the experimental results [J]. Bioprocess and Biosystems Engineering，32(2)：235-240.

Beijernick M W，1896. Original mitteilung uber eine eigentumlichkeit derloslichen starke[J]. Centrabl Bakteriologie，
　　Parasitenkunde Infektioskrankheiten，22：699-701.

da Rocha Patrício P，Mesquita M C，da Silva L H M，et al.，2011. Application of aqueous two-phase systems for the
　　development of a new method of cobal(Ⅱ)，iron(Ⅲ) and nickel(Ⅲ) extraction：a green chemistry approach[J]. Journal
　　of Hazardous Materials，(193)：311-318.

D'souza F，Lali A，1999. Purification of papain by immobilized metal affinity chromatography(IMAC) on chelating
　　carboxymethyl cellulose [J]. Biotechnology Techniques，13(1)：59-63.

Edahiro J，Yamada M，Seike S，et al.，2005. Separation of cultured strawberry cells producing anthocyanins in aqueous
　　two-phase system[J]. Journal of Bioscience and Bioengineering，100(4)：449-454.

Ferreira L A，Parpot P，Teixeira J A，et al.，2012. Effect of NaCl additive on properties of aqueous PEG-sodium sulfate two-phase system[J]. Journal of Chromatography A，1220：14-20.

Ghosh S，Vijayalakshmi R，Swaminathan T，2004. Evaluation of an alternative source of dextran as a phase forming polymer for aqueous two-phase extractive system [J]. Biochemical Engineering Journal，21(3)：241-252.

Guo T，Su D，Huang Y，et al.，2015. Ultrasound-assisted aqueous two-phase system for extraction and enrichment of *Zanthoxylum armatum* lignans[J]. Molecules，20(8)：15273-15286.

Han J，Wang Y，Ma J，et al.，2013. Simultaneous aqueous two-phase extraction and saponification reaction chlorophyll from silkworm excrement[J]. Separation and Purification Technology，115：51-56.

Jahani F，Abdollahifar M，Haghnazari N，2014. Thermodynamic equilibrium of the polyethylene glycol 2000 and sulphate salts solutions[J]. The Journal of Chemical Thermodynamics，69：125-131.

Kalaivani S，Regupathi I，2013. Partitioning studies of α-lactalbumin in environmental friendly poly(ethylene glycol)— citrate salt aqueous two phase systems[J]. Bioprocess and Biosystems Engineering，36(10)：1475-1483.

Liu C L，Kamei D T，King J A，et al.，1998. Separation of proteins and viruses using two-phase aqueous micellar systems[J]. Journal of Chromatography B：Biomedical Sciences and Applications，711(1)：127-138.

Liu F，Wang D，Liu W，et al.，2013. Ionic liquid-based ultrahigh pressure extraction of five tanshinones from *Salvia miltiorrhiza* Bunge [J]. Separation and Purification Technology，110：86-92.

Lu Y M，Yang Y Z，Zhao X D，et al.，2010. Bovine serum albumin partitioning in polyethylene glycol(PEG)/ potassium citrate aqueous two-phase systems[J]. Food and Bioproducts Processing，88(1)：40-46.

Mehrnoush A，Sarker M Z I，Mustafa S，et al.，2011. Direct purification of pectinase from mango (*Mangifera indica* cv. Chokanan) peel using a PEG/salt-based aqueous two phase system[J]. Molecules，16(10)：8419-8427.

O'Hara B P，Hemmings A M，Buttle D J，et al，1995. Crystal structure of glycyl endopeptidase from *Carica papaya*：A cysteine endopeptidase of unusual substrate specificity[J]. Biochemistry，34(40)：13190-13195.

Ooi C W，Tey B T，Hii S L，et al.，2009. Purification of lipase derived from *Burkholderia pseudomallei* with alcohol/salt-based aqueous two-phase systems[J]. Process Biochemistry，44(10)：1083-1087.

Pereira J F B，Vicente F，Santos-Ebinuma V C，et al.，2013. Extraction of tetracycline from fermentation broth using aqueous two-phase systems composed of polyethylene glycol and cholinium-based salts[J]. Process Biochemistry，48(4)：716-722.

Rawdkuen S，Pintathong P，Chaiwut P，et al.，2011. The partitioning of protease from *Calotropis procera* latex by aqueous two-phase systems and its hydrolytic pattern on muscle proteins[J]. Food and Bioproducts Processing，89(1)：73-80.

Reschke T，Brandenbusch C，Sadowski G，2015. Modeling aqueous two-phase systems：III. Polymers and organic salts as ATPS former[J]. Fluid Phase Equilibria，387：178-189.

Riedl W，Raiser T，2008. Memberance-supported extraction of biomolecules with aqueous two-phase systems [J]. Desalination，224(1-3)：160-167.

Tubio G，Nerli B B，Picó G A，et al.，2009. Liquid-liquid equilibrium of the Ucon 50-HB5100/sodium citrate aqueous two-phase systems [J]. Separation and Purification Technology，65(1)：3-8.

Wang F，Wang D，Guo Q，et al.，2015. Study on distribution behavior in aqueous two-phase system about four kinds of alkaloids incoptis chinensis[J]. International Conference on Materials，Environmental and Biological Engineering，32(6)：642-645.

Ye M，Xue C H，Fang Y，et al.，2000. A research on the depolymerization of chitosan with the aid of papain[J]. Journal of Ocean University of Qingdao，2000，30(1)：81-86.

Yücekan İ，Önal S，2011. Partitioning of invertase from tomato in poly(ethylene glycol) /sodium sulfate aqueous two-phase systems[J]. Process Biochemistry，46(1)：226-232.

Zafarani-Moattar M T，Abdizadeh-Aliyar V，2014. Phase diagrams for (liquid+ liquid) and (liquid+ solid) eqilibrium of aqueous two-phase system containing {polyvinyipyrrolidone3500(PVP3500)+sodium sulfite(Na$_2$SO$_4$)+water}at different temperatures[J]. The Journal of Chemical Thermodynamics，72：125-133.

第2章 番木瓜中木瓜蛋白酶的
传统提取工艺研究

由于番木瓜乳汁中除了含有木瓜蛋白酶还含有其他蛋白酶，这些酶的催化性质不同，所以要对木瓜蛋白酶进行分离纯化后才能将其应用于工业生产。目前提取分离木瓜蛋白酶的传统方法主要有有机溶剂提取法、超滤法、亲和层析法、盐析法和传统双水相萃取等。

2.1 乙醇提取木瓜蛋白酶的工艺研究

有机溶剂提取法具有分辨率高的优点，即一种蛋白质或其他溶质可以只在一个比较窄的有机溶剂浓度范围内沉淀，是蛋白酶初步纯化的常用方法。有机溶剂提取法的优点是分辨率高，溶剂易除去，适于食品级和医药级酶或蛋白质提纯。在有机溶剂提取法中所选用的溶剂必须是能与水相溶并且不与酶发生任何作用的有机溶剂，常用的有丙酮和乙醇。任国梅等（1997）利用一定浓度的乙醇在不同的条件下提取木瓜蛋白酶，该法提取的木瓜蛋白酶活性比盐析法高，但有程序复杂、提取率较低、木瓜蛋白酶在有机溶剂中易变性及有机溶剂易残留等缺点，因此有机溶剂提取法也有其一定的局限性。

2.1.1 材料与方法

1. 实验材料

红心番木瓜。

2. 主要实验试剂

木瓜蛋白酶（BR），干酪素（CP），L-酪氨酸（BR），三氯乙酸（AR），L-半胱氨酸盐酸盐（BR），乙二胺四乙酸二钠（AR），柠檬酸（AR），磷酸氢二钠（AR）。

3. 主要实验仪器

UV-2450 紫外分光光度计，B-260 型恒温水浴锅，320-S 型精密 pH 计，PB3002-N 型电子秤。

4. 乙醇提取木瓜蛋白酶的工艺流程

新鲜番木瓜→取皮切碎→加 30%冰水捣碎→过滤→取滤液离心 15 min（3500 r/min、4℃）→取上清液弃沉淀→加入酶保护剂→加入一定浓度乙醇→调整 pH→静置过夜→离心 20 min（5500 r/min）、取沉淀→测酶活性。

5. 操作步骤

准确配制一定浓度乙醇溶液备用，室温条件下缓慢加入已添加酶保护剂的离心滤液中，并伴随搅拌以防止局部浓度过高而引起蛋白酶变性失活，4℃条件下静置过夜后离心 20 min（5500 r/ min）取沉淀，紫外分光光度法测定其吸光度，根据式（2-1）计算酶活性。以 0.1 mol/L 盐酸溶液作空白对照，在波长 275 nm 处测定空白溶液、待测定液、对照品溶液的吸光度（罗远秀，2000）。

$$每 1 mg 木瓜蛋白酶活力单位 = (A/A_s) \times C_s \times (12/2) \times 稀释倍数 / W \qquad (2-1)$$

式中，A 为待测定液的吸光度减去空白溶液的吸光度；A_s 为对照品溶液的吸光度；C_s 为酪氨酸对照品溶液的浓度（μg/ml）；W 为样品重量（mg）。

木瓜蛋白酶 1 个活力单位相当于释放 1 μg 酪氨酸。规定酶浓度为 1 ml 测定液释放 40 μg 酪氨酸。活力单位以 U/mg 表示。

2.1.2　结果与分析

1. 酶保护剂添加量对木瓜蛋白酶活性的影响

木瓜蛋白酶属半胱氨酸蛋白酶，其活性中心含有的巯基（—SH）极易氧化形成二硫键（—S—S）使酶失活，因此在提取、分离木瓜蛋白酶过程中均有可能导致其活性降低甚至丧失，为防止巯基被氧化，使用 L-半胱氨酸（L-cys）和乙二胺四乙酸（EDTA）作为酶保护剂。

精确称取 L-cys 0.02 mol/L、0.04 mol/L、0.06 mol/L、0.08 mol/L、0.10 mol/L 及 EDTA 0.002 mol/L、0.004 mol/L、0.006 mol/L、0.008 mol/L、0.010 mol/L 分别加入离心后的滤液中，同时加入体积百分浓度为 55%的乙醇溶液，并用 0.1 mol/L HCl 或 0.1 mol/L NaOH 调 pH 至 7.0 后静置过夜，离心取沉淀，紫外分光光度计测吸光度值后按式（2-1）求酶活性。

　　由图 2-1 可以看出在乙醇添加体积百分浓度（55%）、EDTA 添加量（0.002 mol/L）、pH（7.0）都保持不变的情况下，L-cys 添加量为 0.02 mol/L 时提取的木瓜蛋白酶活性最高，其次为 0.04 mol/L 时能获得较高活性的木瓜蛋白酶。L-cys 作为木瓜蛋白酶活性的有效保护剂，其作用原理可能与半胱氨酸作为还原剂对蛋白酶分子中易被氧化基团的保护作用有关。在半胱氨酸浓度为 0.02 mol/L 时，酶活性达到最大，进一步加大浓度，酶活性开始下降，可见添加适量 L-cys 能显著提高木瓜蛋白酶活性。

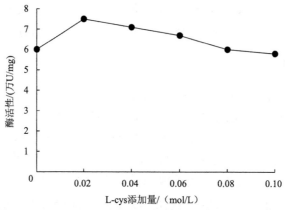

图 2-1　L-cys 添加量对木瓜蛋白酶活性的影响（有机溶剂提取法）

　　同时，由图 2-2 可以看出，在乙醇添加体积百分浓度（55%）、L-cys 添加量（0.04 mol/L）、pH（7.0）都保持不变的情况下，EDTA 添加量为 0.002 mol/L 时提取的木瓜蛋白酶活性最高，之后随着 EDTA 浓度的升高，酶活性有所下降。从图可得：EDTA 对酶具有激活作用，提取过程中添加适量 EDTA 能有效提高产品的活性。同时 EDTA 钠盐的存在可降低产品中某些金属离子的含量，有利于产品质量的提高。

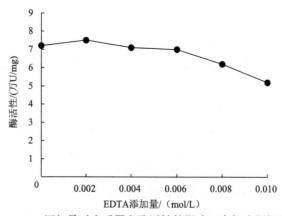

图 2-2　EDTA 添加量对木瓜蛋白酶活性的影响（有机溶剂提取法）

2. pH 对木瓜蛋白酶活性的影响

木瓜蛋白酶在 pH 为 3~9 时对底物均有作用且稳定性好，实验分析了 pH 在 5.0~9.0 变化时木瓜蛋白酶活性的变化。于分别添加 0.04 mol/L L-cys 和 0.002 mol/L EDTA 的离心滤液中加入体积百分浓度为 55%的乙醇溶液，用 0.1 mol/L HCl 或 0.1 mol/L NaOH 调 pH 分别至 5.0、6.0、7.0、8.0、9.0 后静置过夜，离心取沉淀，紫外分光光度计测吸光度值后按式（2-1）求酶活性。

由图 2-3 可得，在乙醇添加体积百分浓度（55%），L-cys 添加量（0.04 mol/L），EDTA 添加量（0.002 mol/L）都保持不变的情况下，pH 为 7.0 时，木瓜蛋白酶能保持较高活性，其次是 pH 为 6.0 和 8.0 时。

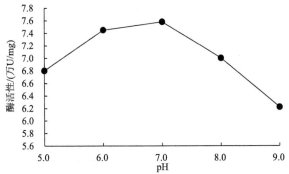

图 2-3　pH 对木瓜蛋白酶活性的影响（有机溶剂提取法）

3. 乙醇浓度对木瓜蛋白酶活性的影响

实验分析了乙醇添加体积百分浓度在 45%~85%变化时木瓜蛋白酶活性的变化，于分别添加 0.04 mol/L L-cys 和 0.002 mol/L EDTA 的离心滤液中分别加入体积百分浓度为 45%、55%、65%、75%、85%的乙醇溶液，用 0.1 mol/L HCl 或 0.1 mol/L NaOH 调 pH 至 7.0 静置过夜，离心取沉淀，紫外分光光度计测吸光度后按式（2-1）求酶活性。

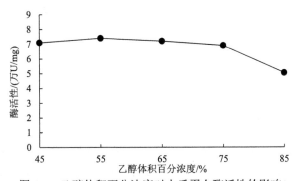

图 2-4　乙醇体积百分浓度对木瓜蛋白酶活性的影响

由图 2-4 可得，在 pH 7.0、L-cys 及 EDTA 添加量分别为 0.04 mol/L 和 0.002 mol/L 的情况下，乙醇体积百分浓度为 55% 时提取的木瓜蛋白酶活性最高，其次是 65% 及 45%。当用不同体积百分浓度乙醇预处理木瓜蛋白酶时，发现在一定范围内酶活性随乙醇体积百分浓度升高而增加。而当乙醇体积百分浓度超过一定值后酶活性随之降低。这可能是由于适当高浓度的乙醇更容易改变酶的构象使之更有利于与底物接触进行催化反应。当预处理乙醇体积百分浓度超过最佳值时，它对酶构象的改变超出了酶的承受能力，因此，虽然对酶也表现出一定的激活作用，但活力上升幅度有所下降。

4. 乙醇提取木瓜蛋白酶的工艺条件优化

利用正交实验对乙醇提取番木瓜中木瓜蛋白酶的工艺条件进行优化，如表 2-1 所示。

表 2-1　乙醇提取木瓜蛋白酶的影响因素及水平

水平	因素			
	EDTA 添加量/(mol/L)	L-cys 添加量/(mol/L)	乙醇体积百分浓度/%	pH
1	0.002	0.04	45	6.0
2	0.004	0.06	55	7.0
3	0.006	0.08	65	8.0

根据表 2-1 中数据建立 4 因素 3 水平正交实验表 2-2，得实验数据如下。

表 2-2　乙醇提取木瓜蛋白酶的正交实验

实验号	pH (A)	EDTA 添加量/(mol/L) (B)	L-cys 添加量/(mol/L) (C)	乙醇体积百分浓度/% (D)	酶活性/(万 U/mg)
1	1	1	1	1	6.432
2	1	2	2	2	7.873
3	1	3	3	3	6.145
4	2	1	2	3	8.372
5	2	2	3	1	5.432
6	2	3	1	2	5.302
7	3	1	3	2	5.963
8	3	2	1	3	6.288
9	3	3	2	1	5.236
K_1	6.817	6.922	6.007	5.700	
K_2	6.369	6.531	7.160	6.379	
K_3	5.829	5.561	5.847	6.935	
R	0.988	1.361	1.313	1.235	

通过软件正交设计助手分析可得：乙醇提取番木瓜中木瓜蛋白酶的工艺中，各

因素对酶活性的影响程度大小为：B>C>D>A，即 EDTA 添加量对酶活性影响最大，其次为 L-cys 添加量，再次为乙醇体积百分浓度，pH 对酶活性影响最小。由表 2-2 可得，正交实验中，EDTA 添加量为 0.002 mol/L，L-cys 添加量为 0.06 mol/L，pH 为 7.0，乙醇体积百分浓度为 65%时能获得较高酶活性，即最佳组合为 $A_2B_1C_2D_3$ 组合。

2.1.3　结论

乙醇提取番木瓜中木瓜蛋白酶的实验中，木瓜蛋白酶在乙醇体积百分浓度为 45%～65%内水解酪蛋白的能力显著。这可能是由于适当高浓度的乙醇更容易改变酶的构象使之处于一种活化状态。当乙醇体积百分浓度超过 75%时，酶活性有所下降。

正交实验表明在 L-cys 添加量为 0.06 mol/L，EDTA 添加量为 0.002 mol/L，体系 pH 为 6.0，乙醇体积百分浓度为 65%时能达到较好的提取效果。原因可能是木瓜蛋白酶在酶保护剂的作用下其构象更稳定，同时较高浓度乙醇更有利于使木瓜蛋白酶处于活化状态。

2.2　超滤法提取木瓜蛋白酶的工艺研究

膜是具有选择性分离功能的材料。利用膜的选择性分离实现料液不同组分的分离、纯化、浓缩的过程称作膜分离。它与传统过滤的不同之处在于膜可以在分子范围内进行分离，并且这是一种物理过程，不会发生相的变化也无需添加助剂。超滤在操作过程中无相的变化，不会改变产品的性能和活性，不用添加任何化学药剂，也无需热处理，特别适用于热敏性物质的分离纯化。超滤设备和工艺较其他分离方法简单且耗能低，滤膜可以反复多次使用，同时还具有处理量大，处理时间短，样品残留小，产品回收率高等优点。谭晶等（2007）探究了用超滤法提取木瓜蛋白酶。在超滤过程中像木瓜蛋白酶这样的大分子物质被截留，水及小分子物质等可以穿过超滤膜，达到分离和纯化的目的。超滤法被大量地应用于蛋白质的分离纯化。

2.2.1　材料与方法

1. 实验材料

红心番木瓜。

2. 实验试剂

木瓜蛋白酶（BR），干酪素（CP），L-酪氨酸（BR），三氯乙酸（AR），

L-半胱氨酸盐酸盐（BR），乙二胺四乙酸二钠（AR），柠檬酸（AR），磷酸氢二钠（AR）。

3. 主要实验仪器

UV-2450 紫外分光光度计，B-260 型恒温水浴锅，320-S 型精密 pH 计，PB3002-N 型电子秤，Vivaflow 50/200 切向流超滤机。

4. 超滤法提取木瓜蛋白酶的工艺流程

新鲜青番木瓜→取皮切碎→加 30%冰水捣碎→过滤→取滤液离心 15 min（3500 r/min、4℃）→取上清液弃沉淀→加入酶保护剂→调 pH→静置 3 h→预处理液真空抽滤→超滤→测酶活性。

5. 实验步骤

准确量取经预处理的木瓜蛋白酶溶液 50 ml 于超滤杯内备用，选用截留分子量 3 万的聚醚砜超滤膜进行超滤，连接 Vivaflow 50/200 切向流超滤机，打开开关调到需要的操作压力，秒表计时，按式（2-2）计算膜通量并接收浓缩液，紫外分光光度计测定吸光度后按式（2-1）求酶活性。

膜通量指在一定操作压力及单位时间内，单位膜面积的透过液量，计算式如式（2-2）（许英一等，2008）：

$$J = V/S \times t \qquad\qquad (2\text{-}2)$$

式中，J 为膜通量（ml/m·s）；V 为透过液体积（L）；S 为有效膜面积（m）；t 为超滤时间（s）。

2.2.2 结果与分析

1. 预处理过程中酶保护剂添加量对木瓜蛋白酶活性的影响

精确称取 L-cys 0.02 mol/L、0.04 mol/L、0.06 mol/L、0.08 mol/L、0.10 mol/L 及 EDTA 0.002 mol/L、0.004 mol/L、0.006 mol/L、0.008 mol/L、0.010 mol/L 分别加入离心后的滤液中，用 0.1 mol/L HCl 或 0.1 mol/L NaOH 调 pH 至 7.0 后静置 3 h，抽滤后进行超滤，紫外分光光度计测吸光度后按式（2-1）求酶活性。

由图 2-5 可知，在预处理过程中，EDTA 添加量（0.002 mol/L）、pH（7.0）都保持不变的情况下，L-cys 添加量为 0.04 mol/L 时对木瓜蛋白酶的活性能起较好的保护作用，之后随着半胱氨酸浓度增加，酶活性有所下降。

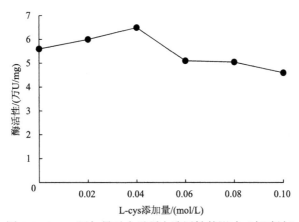

图 2-5　L-cys 添加量对木瓜蛋白酶活性的影响（超滤法）

　　同时，由图 2-6 可知在 L-cys 添加量（0.04 mol/L）、pH（7.0）都保持不变的情况下，EDTA 添加量为 0.002 mol/L 时对木瓜蛋白酶活性能起较好的保护作用，其次为 0.004 mol/L 和 0.006 mol/L。

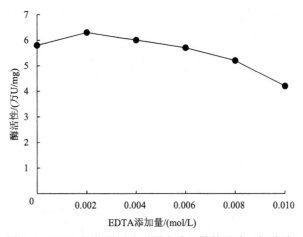

图 2-6　EDTA 添加量对木瓜蛋白酶活性的影响（超滤法）

2. 预处理过程中 pH 对木瓜蛋白酶活性的影响

　　实验分析了 pH 在 4.0～9.0 变化时木瓜蛋白酶活性的变化，对分别添加了 0.04 mol/L L-cys 和 0.002 mol/L EDTA 的离心滤液，用 0.1 mol/L HCl 或 0.1 mol/L NaOH 调 pH 分别至 4.0、5.0、6.0、7.0、8.0、9.0 后静置 3 h，抽滤后进行超滤，紫外分光光度计测吸光度后按式（2-1）求酶活性。

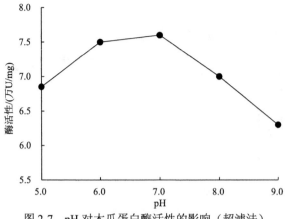

图 2-7　pH 对木瓜蛋白酶活性的影响（超滤法）

　　由图 2-7 可得，在 L-cys 添加量（0.04 mol/L）、EDTA 添加量（0.002 mol/L）都保持不变的情况下，pH 为 7.0 时木瓜蛋白酶能获得较高活性，其次是 pH 为 6.0 时。

3. 木瓜蛋白酶预处理工艺条件的优化

　　采用正交实验对超滤法提取番木瓜中木瓜蛋白酶时预处理过程的工艺条件进行优化，其因素水平表如表 2-3 所示。

表 2-3　超滤法提取木瓜蛋白酶预处理影响因素及水平

水平	因素		
	EDTA 添加量/(mol/L)	L-cys 添加量/(mol/L)	pH
1	0.002	0.04	6.0
2	0.004	0.06	7.0
3	0.006	0.08	8.0

正交实验结果见表 2-4。

表 2-4　超滤法提取木瓜蛋白酶预处理正交实验

实验号	pH（A）	EDTA 添加量/(mol/L)（B）	L-cys 添加量/(mol/L)（C）	酶活性/(万 U/mg)
1	1	1	1	7.234
2	1	2	2	6.832
3	1	3	3	5.031
4	2	1	2	7.503
5	2	2	3	6.967
6	2	3	1	5.090
7	3	1	3	6.253
8	3	2	1	5.795
9	3	3	2	5.066

4. 正交实验结果与分析

正交实验结果由 SAS 软件及 Duncan 多重比较法进行分析。由表 2-5 可知：因子 A、C 对超滤法预处理过程中木瓜蛋白酶活性的影响不显著，因子 B 对其影响显著。各因子总变异 F 值中因子 B 最大，因子 A 次之，因子 C 最小。这说明在预处理过程中，EDTA 添加量对木瓜蛋白酶活性影响最大。另外，从表可知：pH 三个处理水平中，以 pH 7.0（A_2）最好，pH 8.0（A_3）最差。EDTA 添加量为 0.002 mol/L 时能获得较高酶活性，其次是 0.004 mol/L。L-cys 最适添加量为 0.06 mol/L，其次为 0.08 mol/L。即最佳组合为 $A_2B_1C_2$ 组合。

表 2-5　超滤法木瓜蛋白酶预处理正交实验结果

因子	各影响因子对木瓜蛋白酶活性大小显著性方差分析					各因子对不同水平木瓜蛋白酶活性大小显著性方差分析		
	自由度	平方和	均方	总变异 F	回归变异率 Pr>F	1	2	3
A	2	1.407	0.704	7.084	0.123 8	6.365 7	6.648 3	5.704 7
B	2	6.764	3.382	34.040	0.028 5	7.125 0	6.531 0	5.062 3
C	2	0.572	0.286	2.880	0.257 7	6.039 7	6.595 3	6.083 7

5. 操作压力对膜通量及木瓜蛋白酶活性的影响

实验考察了超滤过程中溶液体积为 50 ml，操作温度为 30℃，操作时间为 3 min 条件下操作压力分别为 0.100 MPa、0.125 MPa、0.150 MPa、0.175 MPa、0.200 MPa、0.250 MPa 时对膜通量及木瓜蛋白酶活性的影响，结果如图 2-8 所示。

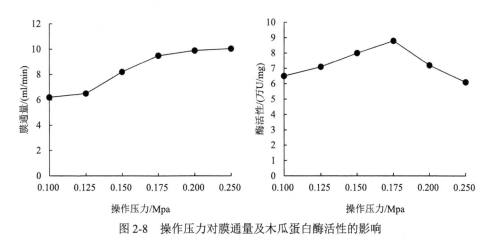

图 2-8　操作压力对膜通量及木瓜蛋白酶活性的影响

由图 2-8 可得：在一定超滤温度及时间条件下，膜通量和木瓜蛋白酶活性将随着操作压力的增大而增大。实际操作过程中，随着超滤时间的延长，将不可避免地在膜表面产生浓差极化现象（浓差极化即指在超滤过程中，溶液中不能透过膜的物质在膜表面堆积越来越多从而引起渗透速率下降的现象），即压力越大，膜通量越小。操作压力对超滤结果影响很大，通过图 2-8 可知，操作压力控制在 0.150～0.200 MPa 内较好。

6. 操作温度对膜通量及木瓜蛋白酶活性的影响

实验考察了超滤过程中溶液体积为 50 ml，操作压力为 0.125 MPa，操作时间为 3 min 条件下操作温度分别为 30℃、40℃、50℃、60℃、70℃、80℃、90℃时对膜通量及木瓜蛋白酶活性的影响，结果如图 2-9 所示。

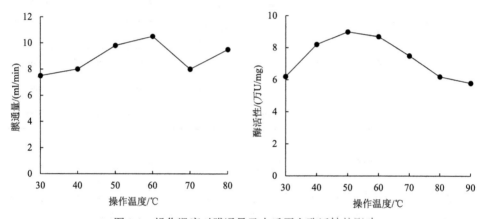

图 2-9　操作温度对膜通量及木瓜蛋白酶活性的影响

由图 2-9 可得：在超滤过程中，膜通量及木瓜蛋白酶活性都将随着温度的升高而有所增大。一方面，温度的升高减少了溶剂的黏度从而加大了溶液的渗透能力；另一方面，温度升高也可能对膜的渗透性能有所改变从而加大了溶液在膜表面的渗透速率。由图 2-9 可知，操作温度控制在 50～60℃内可获得较好的膜通量和木瓜蛋白酶活性。

7. 操作时间对膜通量及木瓜蛋白酶活性的影响

实验分析了超滤过程中溶液体积为 50 ml，操作压力为 0.125 MPa，操作温度为 30℃条件下操作时间分别为 2 min、3 min、4 min、5 min、6 min 时对膜通量及木瓜蛋白酶活性的影响，结果如图 2-10 所示。

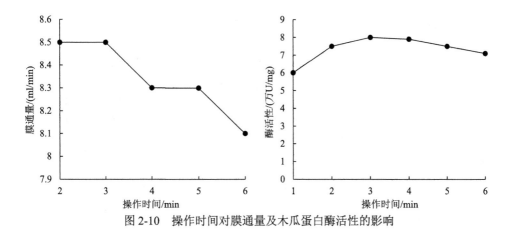

图 2-10　操作时间对膜通量及木瓜蛋白酶活性的影响

由图 2-10 可得：在一定超滤压力和温度条件下，膜通量和酶活性都随着操作时间的延长而有所下降。操作时间越长，浓差极化现象越严重。由图 2-10 可知，时间控制在 3～5 min 内比较好。

8. 正交实验考察超滤法中各因素对木瓜蛋白酶活性的影响

正交实验考察超滤法中各因素对番木瓜中木瓜蛋白酶活性的影响，结果如表 2-6 所示。

表 2-6　超滤法提取木瓜蛋白酶的影响因素及水平

水平	因素		
	操作温度/℃	操作压力/MPa	操作时间/min
1	40	0.150	3
2	50	0.175	4
3	60	0.200	5

根据表 2-6 中数据建立 3 因素 3 水平正交实验表 2-7，并得实验数据如下。

表 2-7　超滤法提取木瓜蛋白酶正交实验

实验号	操作时间/min（A）	操作压力/MPa（B）	操作温度/℃（C）	酶活性/(万 U/mg)
1	1	1	1	7.240
2	1	2	2	8.342
3	1	3	3	8.702
4	2	1	2	8.787
5	2	2	3	9.398
6	2	3	1	8.379
7	3	1	3	8.969
8	3	2	1	8.572
9	3	3	2	9.211

9. 正交实验结果与分析

正交实验结果由 SAS 软件及 Duncan 多重比较法进行分析得表 2-8。

表 2-8　超滤法提取木瓜蛋白酶正交实验结果

因子	各影响因子对木瓜蛋白酶活性大小显著性方差分析					各因子不同水平对蛋白酶活性大小显著性方差分析		
	自由度	平方和	均方	总变异 F	回归变异率 $Pr>F$	1	2	3
A	2	1.307	0.653	54.14	0.120 1	8.094	8.888	8.917 3
B	2	0.411	0.205	17.03	0.055 5	8.332	8.804	8.764 0
C	2	1.575	0.787	65.24	0.015 1	8.063	8.780	9.056 0

由表 2-8 可知：因子 A、B 对超滤法提取过程中木瓜蛋白酶的活性影响不显著，因子 C 影响显著。各因子总变异 F 值中因子 C 最大，因子 A 次之，因子 B 最小。这说明超滤法提取木瓜蛋白酶的工艺中，操作温度对木瓜蛋白酶活性影响最大，其次为操作时间。另外从表 2-8 可知：在操作温度三个处理水平中以 60℃最好，操作压力和时间分别为 0.175 MPa、5 min 中时能获得较高酶活性的超滤浓缩液。因此，超滤法提取番木瓜中木瓜蛋白酶的最佳组合为 $A_3B_2C_3$ 组合。

2.2.3　结论

单因素实验中一定范围内随着操作压力的增大，膜通量及木瓜蛋白酶活性也随之增加。当温度达到 50～60℃时膜通量及酶活性都达到最大。一方面，可能是因为温度的升高减少了溶剂的黏度从而加大了溶液的渗透能力；另一方面，温度升高也可能对膜的渗透性能有所改变从而加大了溶液在膜表面的渗透速率。

超滤法提取番木瓜中木瓜蛋白酶的实验中，实验选用截留分子量为 3 万的聚醚砜超滤膜对粗木瓜蛋白酶制品进行提取分析，实验中主要研究了操作时间、操作温度及操作压力对膜通量及木瓜蛋白酶活性的影响。结果表明：在操作压力为 0.175 MPa，操作温度为 60℃，操作时间为 5 min 时能获得较高酶活性。

2.3　亲和层析法提取木瓜蛋白酶的研究

亲和层析是 20 世纪 60 年代发展起来的一种高效快速分离纯化蛋白质的技术。该技术具有高选择性、高效率，并且可以一步得到高纯度的产品，是分离纯化蛋白质最有效的技术之一。

2.3.1 传统亲和层析法提取木瓜蛋白酶

D'Souza 等（1999）利用偶联于固相载体上的亲和配基对木瓜蛋白酶该特定大分子的亲和作用来达到木瓜蛋白酶的分离和纯化，该法提取的木瓜蛋白酶虽纯度较高，但是操作复杂，不易于工业上的放大生产，并且要求前处理液是经过初步纯化的酶液。

2.3.2 亲和膜色谱法提取木瓜蛋白酶

近年来，以高选择性为特征的亲和色谱法在蛋白质、肽和多核苷酸等生命物质的分离纯化中已获得广泛的应用，适用于实验室和大规模生产的商品亲和吸附剂种类也在不断地增加。亲和膜色谱技术是一种 20 世纪 80 年代末发展起来的生物大分子分离纯化的新技术，把膜分离与亲和分离结合起来，使之兼具膜分离与亲和分离的特点。亲和膜色谱与传统的膜分离、亲和色谱相比，不仅具有纯化倍数高、压降小、分析时间短、生物大分子在分离过程中变性概率小、允许较快的加料速度等特点，而且比柱亲和色谱更易实现规模化纯化分离，已经发展成为色谱分离的一个重要分支。聂华丽等（2008）以尼龙膜为基质，键合壳聚糖进行表面改性处理，以降低尼龙膜的非特异性吸附，并偶联染料配体 Cibacron Blue F$_3$GA，得到一种新型的亲和色谱材料，并考察了其对木瓜蛋白酶的吸附性能，发现该色谱材料对木瓜蛋白酶有很高的吸附量及洗脱率。何智妍等（2010）建立了一种快速、简便的分离木瓜蛋白酶的方法。尼龙膜经壳聚糖改性后，以金属镍离子为配基制备了一种新型的蛋白质分离材料，并将该亲和膜应用于木瓜蛋白酶的分离纯化，在对洗脱液、上样速度、洗脱速度、洗脱液的 pH 和洗脱液的离子强度进行优化的基础上，成功地分离纯化出木瓜蛋白酶，纯化倍数为20.59 倍。因此，该膜能有效用于木瓜蛋白酶的富集和分离，适合大规模的工业化生产。

2.4　沉淀分离法提取木瓜蛋白酶的研究

2.4.1 氯化钠沉淀法

在番木瓜乳汁中加一定浓度的氯化钠溶液，由于溶液中高浓度的中性盐离子有很强的水化能力，会夺取木瓜蛋白酶分子的水化层，使木瓜蛋白酶胶粒失水，发生凝集而沉淀析出。可用一定浓度的硫酸铵溶液再次盐析，然后调 pH，离心取沉淀，干燥，得酶产品（任国梅等，1997）。

2.4.2　单宁沉淀法

单宁是蛋白质沉淀剂，其用量影响蛋白质沉淀效率。用量过少，酶产量不高；用量过多，又会增加成本。同时，单宁本身也会影响木瓜蛋白酶的活性。当单宁质量百分浓度为 0.02%～0.2%时，酶产量与单宁用量呈正相关，在单宁质量百分浓度为 0.2%时达到最大值，酶制品得率为 17%；当单宁质量百分浓度在 0.02%～0.08%递增时，酶产品活性也呈上升趋势，但如果继续增加单宁质量百分浓度，酶活性又会下降。因此，生产上单宁用量应控制在 0.08%～0.1%（乙引等，2000）。

在番木瓜乳汁和所有溶液中均加入 0.1‰ EDTANa₂ 和 0.3‰ NaCl；将番木瓜乳汁 3000 r/min 离心 20 min，于上清液中缓慢加入已溶解的单宁溶液，不断搅拌，至溶液中单宁质量百分浓度达到 0.1%。静置、沉淀单宁-酶复合物，用盐酸调 pH 至 3.4，3500 r/min 离心 20 min，沉淀用真空干燥，得酶制品。硫代硫酸钠和半胱氨酸是木瓜蛋白酶活性的有效保护剂，可使酶活性比对照组提高 2.39 倍；提取过程中用抗坏血酸、EDTANa₂ 和氯化钠可有效地提高产品的活性和质量。用该法制备木瓜蛋白酶设备简单，投资少，而且酶稳定性好，适合用于食品及制革。

2.4.3　硫酸铵沉淀法

取固体粗酶，加入含 0.04 mol/L Cys 和 1 mmol/L EDTA 的溶液（pH 5.7）中，研磨，过滤，滤液用 1 mol/L NaOH 调 pH 至 9.0，不断搅动 10 min，过滤，滤液中加(NH₄)₂SO₄ 至 45 % 饱和度，20000 r/min 离心 30 min，沉淀用 1 mmol/L EDTA 溶解，再加入(NH₄)₂SO₄ 至 40 %饱和度，离心，沉淀溶于含 0.04 mol/L Cys 和 1 mmol/L EDTA 的 0.1 mol/L 磷酸缓冲液（pH 7.5），加入 NaCl 至体积百分浓度为 10%，室温静置 30 min，4℃、18 h 至结晶析出，冰冻干燥，4℃冰箱保存（乙引等，2002）。

2.5　木瓜蛋白酶的传统双水相萃取研究

2.5.1　双水相萃取法提取木瓜蛋白酶的工艺研究

双水相体系相对于传统工艺具有含水量高（70%～90%），是在接近生理环境的温度和体系中进行萃取，不会引起生物活性物质失活或变性，相对传统工艺提取蛋白酶此法更能保护被提取物蛋白质分子的稳定性。同时，其体系界面张力小有助于强化相际间的质量传递，分相时间短，自然分相时间一般为 5～15 min，相对传统工艺更能节约实验成本和提高实验可操作性。其提取不存在有机溶剂残留问题，大量杂质能与所有固体物质一同除去，也使分离过程更加经济实惠。

木瓜蛋白酶是一种生物适应性相对较广的蛋白酶，其在 pH 5.0～9.0，测定温度 40～80℃，测定时间 10～25 min 内均能保持较高酶活性，相对其他植物蛋白酶，应用空间更广。但在实际操作过程中，木瓜蛋白酶的提取分离大多采用传统工艺进行，采用双水相萃取法提取能在一定程度上减少相关损失，得到更高活性的木瓜蛋白酶。

1. 材料与方法

（1）实验材料

红心番木瓜。

（2）主要实验试剂

木瓜蛋白酶（BR），干酪素（CP），L-酪氨酸（BR），三氯乙酸（AR），L-半胱氨酸盐酸盐（BR），乙二胺四乙酸二钠（AR），柠檬酸（AR），磷酸氢二钠（AR），PEG（600、2000、4000、6000）（CP）。

（3）主要实验仪器

UV-2450 紫外分光光度计，SHIMADZU；B-260 型恒温水浴锅，上海亚荣生化仪器厂；320-S 型精密 pH 计，METTLER TOLEDO；PB3002-N 型电子秤，METTLER TOLEDO。

（4）双水相萃取法提取木瓜蛋白酶的工艺流程

新鲜青番木瓜→取皮切碎→加 30%冰水捣碎→过滤→取滤液离心 15 min（3500 r/min、4℃）→取上清液弃沉淀→加入酶保护剂→调 pH→静置 3 h→双水相体系的配制及形成→分相→分离上下相→测酶活性。

（5）操作步骤

双水相成相操作步骤如下。

①将成相物质 PEG 配制成 50%（质量百分浓度）的浓溶液，磷酸盐配制成 40%（质量百分浓度）的浓溶液，备用。

②将木瓜蛋白酶配成一定浓度的溶液，测定其单位体积的酶活性，备用。

③构造不同组成的双水相体系，依次称取配制一定质量百分浓度的双水相体系所需的 PEG 和磷酸盐储备液，加入带刻度的离心试管中，振荡混合。

④按照实验选定的条件，在试管中加入需要的已经配好的木瓜蛋白酶溶液，然后加蒸馏水至所需的量。在旋涡混合器上混合 1 min，木瓜蛋白酶在两相中进行分配。常温下离心 5 min，离心机转速为 2000 r/min。在室温下静置。读取上下相的体积，计算相体积比 R（$R=V_{\mathrm{T}}/V_{\mathrm{F}}$）。用微量注射器吸取一定量的上相和下相，用紫

外分光光度计测定其中的酶活性，计算木瓜蛋白酶的分配系数和酶活性相回收率。

2. 结果与分析

（1）不同成相因素对木瓜蛋白酶活性的影响

1）PEG 分子量对酶活性的影响

用于木瓜蛋白酶分离的双水相体系，要求其中的成相物质不能对木瓜蛋白酶产生破坏或抑制作用。通过研究不同成相物质及操作条件对木瓜蛋白酶活性的影响，为选择出适宜用于分离提取木瓜蛋白酶的双水相体系的成相物质和双水相体系的构造提供依据。

以酶活性比 X 为指标，研究成相物质对酶活性的影响，X 的计算方法如式（2-3）所示。

$$X(\%)＝成相物质存在时的酶活性/空白试剂的酶活性×100\% \qquad (2\text{-}3)$$

实验将不同分子量（600、2000、4000、6000）的 PEG 配成 30%（质量百分浓度）的溶液，准确吸取 2 ml 于试管中，加入 1 ml 经预处理的粗木瓜蛋白酶溶液，放置 10 min 后进行酶活性测定，结果如图 2-11 所示。

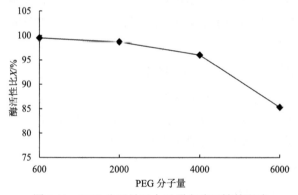

图 2-11　PEG 分子量对木瓜蛋白酶活性的影响

由图 2-11 可知：对所选定的成相物 PEG，其分子量越大对木瓜蛋白酶的活性影响越大。在实验所选择的条件范围内，PEG 分子量为 600（以下用 PEG 600 表示）对木瓜蛋白酶活性的影响较小。

2）PEG 600 的质量百分浓度对木瓜蛋白酶活性的影响

分别配制质量百分浓度为 10%、15%、20%、25%、30%的 PEG 600 的溶液备用。准确吸取 2 ml 于试管中，加入 1 ml 经预处理的粗木瓜蛋白酶制品溶液，放置 10 min 后进行酶活性测定，结果如图 2-12 所示。

实验结果表明：PEG 600 在一定质量百分浓度范围内对木瓜蛋白酶的活性影

响不大。

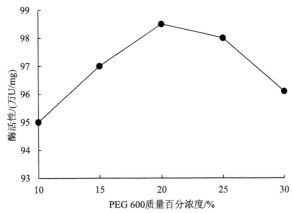

图 2-12　PEG 600 质量百分浓度对木瓜蛋白酶活性的影响

3）磷酸盐质量百分浓度对木瓜蛋白酶活性的影响

按质量百分浓度要求取一定量相同 pH 的磷酸盐的浓溶液加入一定量的配制好的木瓜蛋白酶溶液中，放置 10 min 后进行酶活性测定，结果如图 2-13 所示。

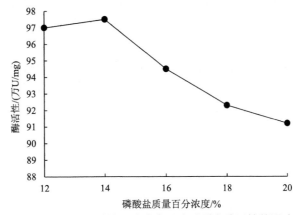

图 2-13　磷酸盐质量百分浓度对木瓜蛋白酶活性的影响

实验结果表明：对所选定的成相物质磷酸盐，其质量百分浓度对木瓜蛋白酶活性的影响较大。在实验所选择的条件范围内，当其质量百分浓度超过 14% 时，木瓜蛋白酶活性迅速下降。

4）磷酸盐缓冲液 pH 对木瓜蛋白酶活性的影响

取一定量不同 pH 的磷酸盐缓冲液加入一定量的配置好的木瓜蛋白酶溶液中，放置 10 min 后进行酶活性测定，结果如图 2-14 所示。

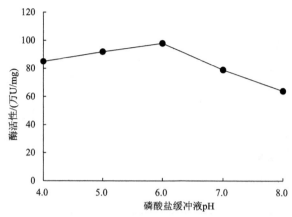

图 2-14　磷酸盐缓冲液 pH 对木瓜蛋白酶活性的影响

　　实验结果表明：磷酸盐缓冲液 pH 为 4.0～6.0 时，对木瓜蛋白酶活性影响不大，之后，随 pH 增大其活性受抑制。

　　（2）粗木瓜蛋白酶制品在 PEG/磷酸盐双水相体系中的分配行为研究

　　双水相萃取技术分离提纯生物物质，是基于被分离组分在两相间的选择性分配，其分配行为可由分配系数 K 来描述。一般来说，被分配物质在双水相体系中的分配系数越大，越易进行分离。通过分配系数同时可以求出双水相体系中目标产物的酶活性回收率，见式（2-5）。

　　由图 2-15 可知，在相同温度下，不同分子量的 PEG 和磷酸盐缓冲液构成的双水相体系，其临界分相浓度有很大差别。PEG 分子量越大，分相临界点越小，成相物质浓度较少时即可分相，分相容易。

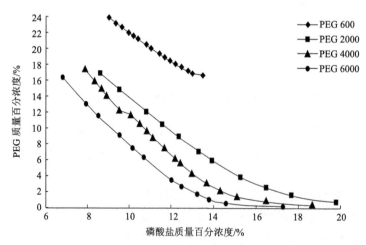

图 2-15　各种分子量的 PEG 与不同质量百分浓度的磷酸盐在 pH 6.0 双水相体系中的相图

　1）PEG 分子量对木瓜蛋白酶分配系数及酶活性回收率的影响

　　用不同分子量的 PEG 构造 PEG/磷酸盐双水相体系，在各双水相体系中，成相组分质量百分浓度相同，其他实验条件：室温，pH 6.0。测定木瓜蛋白酶在构造的双水相体系中的分配系数（K）和酶活性回收率（Y），实验结果见表 2-9。

表 2-9　PEG 分子量对木瓜蛋白酶分配系数和酶活性回收率的影响

双水相体系	K	Y/%
20.0% PEG 600+10.0% KPi	3.43	79.10
20.0% PEG 2000+10.0% KPi	3.21	76.60
20.0% PEG 4000+10.0% KPi	2.86	74.55
20.0% PEG 6000+10.0% KPi	1.14	55.13

　　由表 2-9 可得：在相同磷酸盐浓度及相同 pH 双水相体系中，PEG 分子量越大，木瓜蛋白酶的分配系数越小，上相的酶活性回收率也越少。这说明 PEG 分子量越小，木瓜蛋白酶越趋向于分配在上相，PEG 分子量越大，木瓜蛋白酶越趋向于向下相分配。一般来说随着 PEG 分子量增加，分子内极性基团（如羟基等）的比重相对较低，从而会导致极性程度减小，其亲水性基团比重相应减少，其疏水性程度增强。因此，PEG 与磷酸盐间的疏水性程度差距拉大增加了相界面张力，临界浓度降低。相界面张力增加不利于木瓜蛋白酶分配到 PEG 相。同时随着 PEG 分子量的增大，相黏度增大，成相物质分子的空间阻碍作用增加不利于木瓜蛋白酶进入 PEG 相。当 PEG 分子量较小时，虽然分配系数较大，但是分相所需的 PEG 浓度也较高。综合考虑分配方面和操作方面，根据以上数据确定 PEG 600 与磷酸盐构造双水相体系为最佳木瓜蛋白酶分离体系。

　　2）PEG 600 质量百分浓度对木瓜蛋白酶分配系数及酶活性回收率的影响

　　用不同质量百分浓度的 PEG 构造 PEG/磷酸盐双水相体系，按实验操作步骤测定木瓜蛋白酶在构造的双水相体系中的分配系数和酶活性回收率，其他实验条件：室温，pH 6.0。实验结果见表 2-10。

表 2-10　PEG 600 质量百分浓度对木瓜蛋白酶分配系数和酶活性回收率的影响

双水相体系	1	2	3	4	5
PEG 质量百分浓度/%	10.0	15.0	20.0	25.0	30.0
磷酸盐质量百分浓度/%	16.0	16.0	16.0	16.0	16.0
K	1.95	2.61	2.90	3.21	3.31
Y/%	38.4	49.4	71.0	77.6	85.5

　　由表 2-10 可得：当磷酸盐质量百分浓度一定时，随着 PEG 质量百分浓度增加，木瓜蛋白酶的分配系数增加，酶活性回收率增加。从双水相体系的相图（图 2-15）可得知，双水相体系中成相物质的总质量百分浓度增加时，体系将

远离临界点，同时系线长度增加，两相性质的差别（如疏水性等）增大。改变成相物质在双水相体系中的总质量百分浓度，实际上是改变了操作的加料点。对一定分子量的 PEG，质量百分浓度增加，其中的亲水性基团数增加，相比增加。所以木瓜蛋白酶的分配系数增加，酶活性回收率也同时增加，增加 PEG 相的 PEG 质量百分浓度对分离有利。但 PEG 质量百分浓度太高，一方面，成相物质用量增加，成本增加。另一方面，PEG 质量百分浓度增加，相比增加，上相体积增大，从而对酶的浓缩不利，同时 PEG 质量百分浓度越高，其黏度越大，分相时间也越长。综合考虑选择双水相体系分离木瓜蛋白酶的 PEG 质量百分浓度应为 20%。

3）磷酸盐质量百分浓度对木瓜蛋白酶分配系数及酶活性回收率的影响

在 PEG 质量百分浓度不变的情况下，改变双水相体系中的磷酸盐质量百分浓度，按实验操作步骤测定木瓜蛋白酶在构造的双水相体系中的分配系数和酶活性回收率。其他实验条件：室温，pH 6.0。实验结果见表 2-11。

表 2-11　磷酸盐质量百分浓度对木瓜蛋白酶分配系数和酶活性回收率的影响

双水相体系	1	2	3	4	5
PEG 质量百分浓度/%	20.0	20.0	20.0	20.0	20.0
磷酸盐质量百分浓度/%	12.0	14.0	16.0	18.0	20.0
K	3.15	3.20	3.30	2.80	2.50
Y/%	85.1	84.4	83.0	63.6	55.6

由表 2-11 可得：当双水相体系中 PEG 的质量百分浓度不变，磷酸盐的质量百分浓度在一定范围内增加时，木瓜蛋白酶的分配系数增加。因为磷酸盐的质量百分浓度增加，体系中对木瓜蛋白酶的盐析作用也增加，木瓜蛋白酶趋向于分配在 PEG 相，但磷酸盐的质量百分浓度太大时，盐析作用过强，酶将被部分或全部析出。另外，磷酸盐质量百分浓度增加，PEG 相体积会减少，相比降低，加上盐析作用，木瓜蛋白酶活性会损失且酶活性回收率降低。所以，磷酸盐的用量不宜过大，本实验条件下磷酸盐的质量百分浓度为 16.0%比较适宜。

4）pH 对木瓜蛋白酶分配系数及酶活性回收率的影响

在 PEG 质量百分浓度为 20%，磷酸盐质量百分浓度为 16%构成的双水相体系中，分析了萃取时体系的 pH 对木瓜蛋白酶在该双水相体系中的分配系数和酶活性回收率的影响。室温操作，实验结果见表 2-12。

表 2-12　pH 对木瓜蛋白酶分配系数和酶活性回收率的影响

pH	4.0	5.0	6.0	7.0	8.0
K	0.90	2.80	3.40	3.90	2.50
Y/%	52.3	81.4	86.5	83.5	78.3

由表 2-12 可得：双水相体系中，pH 对被萃取物质的分配有很大的影响。一方面，溶液的 pH 会影响溶液中的蛋白质和酶在双水相体系中的解离度，从而引起体系中蛋白质和酶的荷电性改变。另一方面，pH 的改变也会引起体系成相组分分子和相界面的电性变化。这些变化会导致被萃取物质与成相物质分子间作用的变化从而使分配系数发生变化。对于本实验，综合考虑木瓜蛋白酶在两相中的分配系数和酶活性回收率取 pH 为 6.0 比较适宜。

5）电解质（NaCl）对木瓜蛋白酶分配系数的影响

在 PEG 质量百分浓度为 20%，磷酸盐质量百分浓度为 16% 构成的双水相体系中研究了外加不同浓度 NaCl 对木瓜蛋白酶在该双水相体系中的分配系数和酶活性回收率的影响，室温操作，pH 6.0。实验结果见表 2-13。

表 2-13　NaCl 浓度对木瓜蛋白酶分配系数和酶活性回收率的影响

NaCl 浓度/(mol/L)	0	0.01	0.02	0.03	0.05
K	3.26	3.68	2.06	1.49	0.83
Y/%	92.40	94.60	87.85	71.00	51.36

由表 2-13 可得：在一定范围内，木瓜蛋白酶的分配系数 K 和上相酶活性回收率随外加盐 NaCl 的浓度增大而增加。可能是由于在该双水相体系中 Na^+ 易分配在 PEG 相增加了 PEG 相的正电性，木瓜蛋白酶在 pH 6.0 时呈负电性，因此，有利于木瓜蛋白酶进入 PEG 相。双水相体系中，由于电解质电中性的约束势必会在两相产生电位差，同时，两相中的带电离子也会影响被分配物质分子的荷电性，而使被分配物质分子电性中和，从而影响被分配物质的疏水性，改变体系中被分离物质在上下相中的分配情况，其对木瓜蛋白酶在该双水相体系的影响作用复杂，有待进一步研究。在本实验的条件下外加 NaCl 对木瓜蛋白酶的分配是有利的。

6）正交实验分析双水相体系提取番木瓜中木瓜蛋白酶的最佳工艺条件

正交实验分析双水相体系提取番木瓜中木瓜蛋白酶的因素及水平，如表 2-14 所示。

表 2-14　双水相萃取法提取木瓜蛋白的影响因素及水平

水平	因素		
	PEG 质量百分浓度/%	磷酸盐质量百分浓度/%	体系 pH
1	15	12	5.0
2	20	14	6.0
3	25	16	7.0

根据表 2-14 中数据建立 3 因素 3 水平正交实验表 2-15，并得实验数据如下。

表 2-15　双水相萃取法提取木瓜蛋白酶的正交实验

实验号	PEG 质量百分浓度/%（A）	磷酸盐质量百分浓度/%（B）	体系 pH（C）	酶活性/(万 U/mg)
1	1	1	1	7.516
2	1	2	2	8.937
3	1	3	3	7.452
4	2	1	2	10.376
5	2	2	3	9.977
6	2	3	1	8.317
7	3	1	3	8.627
8	3	2	1	7.075
9	3	3	2	7.819

7）正交实验结果分析

正交实验结果由 SAS 软件及 Duncan 多重比较法进行分析（表 2-16）。

表 2-16　双水相萃取法提取木瓜蛋白酶的正交实验结果

因子	各影响因子对木瓜蛋白酶活性大小显著性方差分析					各因子不同水平对蛋白酶活性大小显著性方差分析		
	自由度	平方和	均方	总变异 F	回归变异率 $Pr>F$	1	2	3
A	2	5.412	2.706	33.93	0.028 6	7.968	9.556	7.860
B	2	1.555	0.777	9.76	0.093 0	8.839	8.663	7.883
C	2	3.283	1.641	20.59	0.046 3	7.636	9.064	8.685

由表 2-16 可知：因子 A、C 对双水相萃取木瓜蛋白酶活性影响显著，因子 B 不显著。各因子总变异 F 值中因子 A 最大，因子 C 次之，因子 B 最小。这说明双水相提取木瓜蛋白酶的工艺中，PEG 质量百分浓度对双水相体系中木瓜蛋白酶的活性影响最大，其次为成相体系的 pH。在各因子三个水平的处理中，PEG 质量百分浓度达到 20% 时能获得较高酶活性；磷酸盐质量百分浓度为 12% 时获得较高酶活性；双水相体系 pH 为 6.0 时能获得较高酶活。因此，PEG/磷酸盐双水相萃取木瓜蛋白酶的最佳组合为 $A_2B_1C_2$。

3. 结论

木瓜蛋白酶在 PEG/磷酸盐双水相体系中，其分配系数及酶活性回收率都随着 PEG 分子量的增大而降低。双水相体系中，木瓜蛋白酶的分配系数及酶活性回收率都随着 PEG 的质量百分浓度增加而增大。增加体系中磷酸盐的质量百分浓度，木瓜蛋白酶的分配系数增加，质量百分浓度超过 16% 时分配系数下降，原因可能是体系中磷酸盐质量百分浓度太高时，盐析作用增强，使体系中的木瓜蛋白酶趋于往上相分配从而降低分配系数。同时，磷酸盐质量百分浓度过高，木瓜蛋白酶活性回收率降低。pH 对木瓜蛋白酶在两相中的分配影响也较大，在 pH 为 6.0 时获得最大的分配系数和酶活性回收率。于双水相体系中添加适量 NaCl 可增加木瓜蛋白酶的分配系数和酶活性回收率，可能是由于在该双水相体系中 Na^+ 易分配在 PEG 相增加了 PEG 相的正电性，木瓜蛋白酶在 pH 6.0 时呈负电性，因此，有利于木瓜蛋白酶进入 PEG 相。影响木瓜蛋白酶在 PEG/磷酸盐构成的双水相体系两相中的分配行为的因素比较复杂，其规律有待进一步研究。

木瓜蛋白酶在其测定过程中，受反应温度及时间影响较大。30～90℃木瓜蛋白酶均有一定活性，且在 80℃时木瓜蛋白酶活性达到最高，说明该酶对温度不敏感且具有耐高温的特性。反应时间太短或过长都会使得酶活性有所降低。用三氯乙酸作为酶反应终止剂，反应时间太长，增加了酸溶性的、不含有芳香族氨基酸的肽片段，即增加了漏检成分因而也可能会使测定活性偏低。从经济和减少操作步骤考虑，本实验选取 10 min 为木瓜蛋白酶的反应时间。且在一定浓度范围内外加 NaCl 和 $CaCl_2$ 对酶反应有一定的激活作用，但溴化钾（KBr）对酶有一定程度的抑制。

2.5.2　PEG/磷酸盐双水相体系萃取木瓜蛋白酶

目前常用的双水相体系有聚合物/聚合物体系，如 PEG/DEX 双水相体系；聚合物/盐体系，如 PEG/硫酸盐（磷酸盐）体系。一般来说，聚合物/聚合物体系具有非常好的生物相容性，适用于各类生物产品的分离提纯。但由于这类双水相体系中的成相物质不易回收，并且价格较高，造成这类体系的分离成本较高。对很多产品来说难以实现大规模生产，使其的应用受到限制。聚合物/盐构成的双水相体系，虽然因其界面张力和渗透压较大，对某些生物物质的活性特别是大分子物质造成不良影响，在应用上受到一定限制，但是该体系使用的成相物质——盐的价格远低于聚合物，且易于回收处理，可大大降低分离的操作成本。因此，近年来众多学者对聚合物/盐构成的双水相体系分离各类生物物质进行了深入研究。

在对前人研究成果和文献资料分析的基础上，根据木瓜蛋白酶的特征，对 PEG/磷酸盐双水相体系分离提取木瓜蛋白酶进行了研究。本节研究的主要内容就是以木瓜蛋白酶的分配系数和酶活性回收率为考察指标，分析 PEG 的分子量、质量百分浓度、磷酸盐质量百分浓度、pH、温度及外加电解质等因素对木瓜蛋白酶在 PEG/磷酸盐体系分配行为的影响，为该体系用于木瓜蛋白酶的分离提取提供相应的理论基础。

（1）PEG/磷酸盐双水相体系相图

将不同分子量的 PEG 和磷酸盐制成一定浓度原液，准确称量一定量 PEG 原液，加入试管中，然后加入磷酸盐原液混合，直至试管开始出现混浊为止，称量加入磷酸盐，算出 PEG 和磷酸盐在系统中的质量百分浓度，再加入适量水，使体系变澄清，记录加入水的量，并继续加入磷酸盐，使系统再次变混浊，如此反复操作，计算达到混浊时 PEG 和磷酸盐在系统中的质量百分浓度，则可以得出 PEG 和磷酸盐的相图（图 2-15）。

可以看出，在相同温度下，不同分子量的 PEG 和磷酸盐溶液构成的双水相体系，其临界分相浓度有很大差别。PEG 分子量越大，分相临界点越小，成相物质浓度较少时即可分相，分相容易。任何在同一系线上的组成，分相后两相的组成相同，但两相的量不同，两相的量可按杠杆原理计算。

（2）木瓜蛋白酶在 PEG/磷酸盐双水相体系中的萃取原理

双水相萃取技术分离提纯生物物质，是基于被分离组分在两相间的选择性分配，其分配行为可由分配系数 K 来描述，如式（2-4）所示。

$$K=C_t/C_b \tag{2-4}$$

式中，C_t、C_b 分别为上相和下相分配物质的浓度，单位为 g/L。

一般来讲，分配系数主要是两相和被分配物质的性质及温度的函数，与分配物质的浓度及两相的体积比无关。被分配物质在双水相中的分配系数越大，越易进行分离。在同一系线上的组成，由于分相后两相的组成相同，所以分配系数不变。这时各相中被分离物质的总量取决于相的体积。双水相萃取操作中，目标产物的回收率可用式（2-5）计算。

$$Y=RK/(1+RK) \tag{2-5}$$

式中，R 为上下相的体积比，即相比。

从上式可知，提高相比 R 和分配系数 K，都能提高酶活性回收率。所以在 K 一定时，可以通过成本核算找出最适合的相比，以获得最理想的酶活性回收率。

在 PEG/磷酸盐双水相体系分离提取木瓜蛋白酶的实验研究中，可以通过两相中单位体积木瓜蛋白酶的浓度的比值表示木瓜蛋白酶的分配系数。即

$$K=C_1/C_2 \tag{2-6}$$

式中，C_1、C_2 分别为上相和下相单位体积木瓜蛋白酶的浓度。

如果木瓜蛋白酶主要分配在上相，木瓜蛋白酶活性回收率按式（2-7）计算。

$$Y=RK/(1+RK) \tag{2-7}$$

式中，$R=V_t/V_b$。

如果木瓜蛋白酶主要分配在下相，其酶活性回收率按式（2-8）计算。

$$Y=1/(1+RK) \tag{2-8}$$

（3）实验操作步骤

实验操作步骤同 2.5.1。

（4）实验结果及讨论

PEG 分子量、不同质量百分浓度的 PEG 600、磷酸盐质量百分浓度、pH 和电解质（NaCl）对木瓜蛋白酶分配系数和酶活性回收率的影响见 2.5.1。

2.5.3　PEG/Na$_2$SO$_4$双水相萃取木瓜蛋白酶的研究

双水相体系是最近几年出现的、非常有应用前景的一种新型生物化工分离技术，对双水相萃取木瓜蛋白酶的研究国内外也有一些报道，而这些研究主要集中在 PEG/硫酸铵和 PEG/磷酸盐体系，而 PEG/Na$_2$SO$_4$ 双水相萃取木瓜蛋白酶的研究及双水相萃取条件的响应面优化少有报道。本节采用 PEG/Na$_2$SO$_4$ 双水相体系来萃取木瓜蛋白酶，并采用响应面法优化 PEG/硫酸钠双水相萃取木瓜蛋白酶的条件，得到最佳萃取条件，并进行可行性验证及实验室规模的放大，结果与实际情况拟合较好，对实际规模化生产具有指导意义。

1. 实验方法

（1）相图的制备

准确量取 2 g 质量百分浓度为 40.0%的 PEG（2000、4000、6000）于小烧杯中，慢慢加入质量百分浓度为 40.0%的 Na$_2$SO$_4$ 溶液，直到溶液出现浑浊为止，计算此时 PEG、Na$_2$SO$_4$ 和水的量；再加适量的水，使整个体系澄清，再继续加 Na$_2$SO$_4$ 溶液，使体系再次浑浊，如此反复操作，计算浑浊时 PEG 和 Na$_2$SO$_4$ 的质量百分浓度（乐薇等，2011）。

（2）pH 对木瓜蛋白酶活性的影响

常温下配制不同 pH 的酶溶液，测酶活性。

（3）各成相试剂对木瓜蛋白酶活性的影响

配制质量百分浓度分别为 5.0%、10.0%、15.0%、20.0%、25.0%、30.0%的硫酸钠、PEG（2000、4000、6000）溶液，各取 2.0 ml 分别加入 1.0 ml 稀释一定倍数的酶溶液中，放置 10 min 后测酶活性。空白对照取 2.0 ml 去离子水加入 1.0 ml 相同稀释倍数的酶溶液中。以酶活性比 X 为指标，考察各成相试剂对木瓜蛋白酶活性的影响（万婧，2010）。X 的计算见式（2-3）。

（4）PEG/Na$_2$SO$_4$双水相体系的制备

配制一定质量百分浓度的 PEG 和 Na$_2$SO$_4$ 原液，构造不同的双水相体系，加入计算好的 PEG 和 Na$_2$SO$_4$ 原液及木瓜蛋白酶溶液，然后加去离子水至 20.0 g，常温振荡 30 min，然后静置至分相（李明亮，2011）。读取上下相体积，测上下

相蛋白质的浓度 P（mg/ml），测上相的酶活性浓度 E（U/ml），计算相比 R、分配系数 K 和酶活性回收率 Y（%）。计算式为

$$R=V_t/V_b \tag{2-9}$$

式中，V_t 为上相体积（ml）；V_b 为下相体积（ml）。

$$K=\frac{P_t \times V_t}{P_b \times V_b} \tag{2-10}$$

式中，P_t 为上相蛋白质浓度（mg/ml）；P_b 为下相蛋白质浓度（mg/ml）。

$$Y(\%)=(E_t \times V_t)/M_e \times 100 \tag{2-11}$$

式中，E_t 为上相酶活性浓度（U/ml）；M_e 为加入系统酶的总活性（U）。

（5）PEG 分子量对木瓜蛋白酶分配行为的影响

固定 PEG 质量百分浓度 16.0%，Na_2SO_4 质量百分浓度 16.0%，pH 7.0，酶添加量 1.0 mg/g（酶的质量/系统的总质量，以下同），考察不同分子量的 PEG 对木瓜蛋白酶分配行为的影响。

（6）Na_2SO_4 质量百分浓度对木瓜蛋白酶分配行为的影响

固定 PEG 质量百分浓度为 16.0%，pH 7.0，酶添加量 1.0 mg/g，考察不同 Na_2SO_4 质量百分浓度对分配行为的影响，为进一步研究 PEG 分子量对木瓜蛋白酶分配行为的影响，选取 PEG 2000、PEG 4000、PEG 6000 进行实验。

（7）PEG 质量百分浓度对木瓜蛋白酶分配行为的影响

固定 Na_2SO_4 质量百分浓度 16%，pH 7.0，酶添加量 1.0 mg/g，考察不同 PEG 6000 质量百分浓度对木瓜蛋白酶分配行为的影响。

（8）pH 对木瓜蛋白酶分配行为的影响

固定 PEG 6000 质量百分浓度 16%，Na_2SO_4 质量百分浓度 16%，酶添加量 1.0 mg/g，考察不同 pH 对木瓜蛋白酶分配行为的影响。

（9）酶添加量对木瓜蛋白酶分配行为的影响

固定 PEG 6000 质量百分浓度 16%，Na_2SO_4 质量百分浓度 16%，pH 7.0，考察酶添加量对木瓜蛋白酶分配行为的影响。

（10）响应面实验设计

在上述单因素实验考察的基础上，采用响应面法（central composite design CCD）（Ling et al., 2010）实验设计，对 X_1（pH），X_2（Na_2SO_4 的质量百分浓度），X_3（PEG 的质量百分浓度）三个因素进行优化，来获得最佳的双水相萃取

条件，以分配系数（K）和酶活性回收率（Y）两个响应值（实验用酶为木瓜蛋白酶制剂，纯度较高，故分配系数和酶活性回收率应为正相关）为考察对象，实验因素及水平编码见表 2-17。

表 2-17 PEG/Na₂SO₄ 双水相萃取木瓜蛋白酶的响应面实验因素与水平编码表

水平	因素		
	X_1（pH）	X_2（Na₂SO₄ 质量百分浓度）/%	X_3（PEG 质量百分浓度）/%
1.68	8.68	19.36	19.36
1	8.00	18.00	18.00
0	7.00	16.00	16.00
−1	6.00	14.00	14.00
−1.68	5.32	12.64	12.64

2. PEG/Na₂SO₄ 双水相萃取木瓜蛋白酶的研究结果

（1）PEG 和 Na₂SO₄ 的相图

图 2-16 表明，相同温度下，PEG 分子量越大，体系的分相临界点越小，PEG 和 Na₂SO₄ 质量百分浓度较低时即可分相，这对节省物料是有利（王志辉，2007），之后实验选取 PEG 和 Na₂SO₄ 的质量百分浓度应该在双节线之上才能成相。

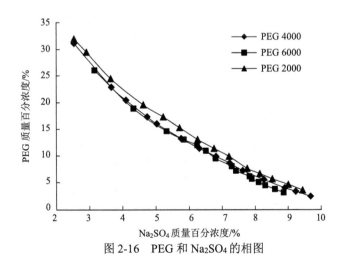

图 2-16 PEG 和 Na₂SO₄ 的相图

（2）不同 pH 的酶活性

由图 2-17 可知，随着 pH 的增大，木瓜蛋白酶的活性先增大后减小，在 pH 7.0 时达到最大，为 3553 U/mg，在 pH 9.0 时最小，为 3188 U/mg。酸性和碱性环境对酶活性有一定的影响，但影响都在一定范围之内。可知木瓜蛋白酶是中性蛋白质，且具有耐酸耐碱的性质，有较宽的 pH 适应性（Li et al.，2010）。所以，对于双水相体系 pH 的选择应尽量在 7.0 左右。

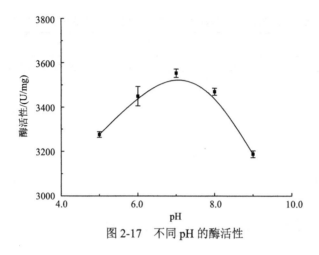

图 2-17　不同 pH 的酶活性

（3）各成相试剂对木瓜蛋白酶活性的影响

由图 2-18 可知，PEG 2000 在低质量百分浓度时对酶活性有一定的促进作用，但随着质量百分浓度的增加，对酶活性的抑制作用加强，因此双水相体系中 PEG 2000 的质量百分浓度不宜太大；PEG 4000 和 PEG 6000 对木瓜蛋白酶的活性几乎没有影响（允许误差范围内）。随着 Na_2SO_4 质量百分浓度的增加，酶活性逐渐降低，过多的 Na_2SO_4 对木瓜蛋白酶活性的影响较大，所以在实验中，Na_2SO_4 的质量百分浓度应小于 20%。

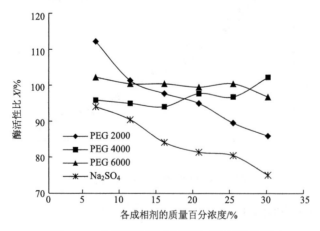

图 2-18　成相剂质量百分浓度对酶活性的影响

（4）PEG 分子量对木瓜蛋白酶分配行为的影响

由图 2-19 可知，分配系数和木瓜蛋白酶活性回收率随着 PEG 分子量的增加而增加。原因可能是从试剂公司购买的木瓜蛋白酶制剂的疏水性比较强，而 PEG 的疏水性是随着分子量的增大而增大的，疏水性较强的木瓜蛋白酶反而更趋向分配至上相（曹对喜等，2010）。

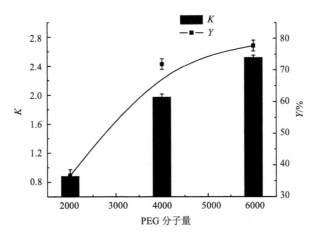

图 2-19　PEG 分子量对木瓜蛋白酶分配行为的影响

（5）Na_2SO_4 质量百分浓度对木瓜蛋白酶分配行为的影响

如图 2-20 所示，随着 Na_2SO_4 质量百分浓度的增加，PEG 2000/Na_2SO_4 双水相体系的分配系数和酶活性回收率逐渐增大，但都比较低，说明在所选取的 Na_2SO_4 质量百分浓度范围内，PEG 2000/Na_2SO_4 双水相体系系统并未达到最佳的分配效果，应继续增大 Na_2SO_4 的质量百分浓度，但过多的 Na_2SO_4 一方面对木瓜蛋白酶的影响比较大，另一方面增加物料的使用，故舍去 PEG 2000/Na_2SO_4 双水相体系；PEG 4000/Na_2SO_4 双水相体系的分配系数和酶活性回收率先增大后减小，在 Na_2SO_4 的质量百分浓度为 18%时达到最大，分配系数 2.43，酶活性回收率 77.54%；PEG 6000/Na_2SO_4 双水相体系的分配系数和酶活性回收率也是先增大后减小，在 Na_2SO_4 的质量百分浓度为 16%时达到最大，分配系数 2.52，酶活性回收率 77.87%。无机盐的盐析作用是双水相成相的主要原因之一（孙晨，2011），增大 Na_2SO_4 的质量百分浓度，无机盐的盐析作用加强，木瓜蛋白酶更趋向于分配至上相，但过多的无机盐对酶的活性影响很大，所以 Na_2SO_4 的质量百分浓度不宜太大。结合前面的实验，选择 Na_2SO_4 质量百分浓度为 16%的 PEG 6000/Na_2SO_4 双水相体系为最佳双水相体系，不仅分配效果好，且节省物料。

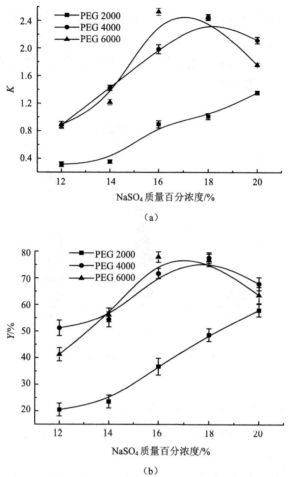

图 2-20　Na₂SO₄质量百分浓度对木瓜蛋白酶分配行为的影响

（6）PEG 6000 质量百分浓度对木瓜蛋白酶分配行为的影响

如图 2-21 所示，随着 PEG 6000 质量百分浓度的增加，PEG 6000/Na₂SO₄双水相体系的分配系数和酶活性回收率先增大后减小，在 PEG 6000 的质量百分浓度为 16%时达到最大，K 与 Y%分别为 2.46 和 76.52%。原因是增大 PEG 的用量可以增大相比，使分配系数和酶活性回收率随之增大，继续增大 PEG 的用量使双水相体系的黏度增加，这样就阻止了相间分子转移，从而在两相之间形成了一层乳化层，从而使下相中的木瓜蛋白酶分子停留在两相之间（冯自立等，2010），分配系数和酶活性回收率反而降低。实验选择 PEG 6000 质量百分浓度为 16%构成的 PEG/Na₂SO₄双水相体系为最佳。

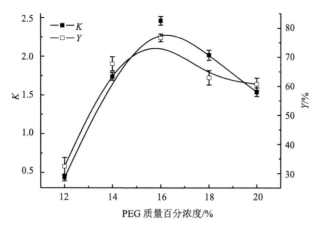

图 2-21　PEG 6000 质量百分浓度对木瓜蛋白酶分配行为的影响

（7）pH 对木瓜蛋白酶分配行为的影响

pH 可以改变蛋白质表面氨基酸残基电荷的种类和多少，影响蛋白质与体系的氢键和静电作用，从而影响木瓜蛋白酶在双水相体系中的分配行为（Sarangi et al.，2011）。由图 2-22 可知，随着 pH 的增大，分配系数和酶活性回收率先增大后减小，在 pH 7.0 达到最大，分配系数 2.41，酶活性回收率 74.81%。所以实验选择 pH 7.0 为最佳。

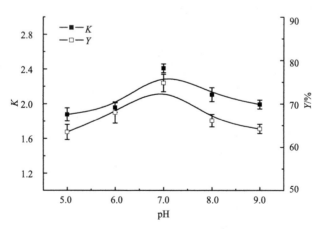

图 2-22　pH 对木瓜蛋白酶分配行为的影响

（8）酶添加量对木瓜蛋白酶分配行为的影响

随着酶添加量的增加，相比显著增大，但分配系数（2.04～2.52）和酶活性回收率（69.95%～75.59%）变化并不显著。双水相体系固定后，应该尽可能多的投入酶，这样可以增大双水相萃取处理量，使效率提高。由图 2-23 可知，酶添加量为 3.0 mg/g 时分配系数和酶活性回收率达到最大，分别为 2.52 和 75.59%，但在此条件下，相比不仅比较大，而且上相的乳化现象比较严重，这给酶的后续加工（如干燥、PEG 与酶的分离等）增加了负担。综合考虑，响应面实验固定酶添加量为 1.0 mg/g。

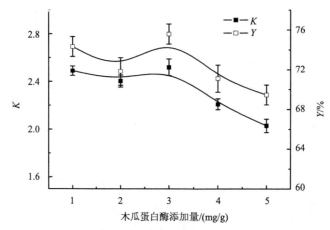

图 2-23　酶添加量对木瓜蛋白酶分配行为的影响

（9）响应面实验结果及方差分析

PEG/Na₂SO₄ 双水相萃取木瓜蛋白酶的响应面实验设计方案及实验结果见表 2-18。

表 2-18　响应面实验设计方案及结果

实验号	X_1（pH）	X_2(Na$_2$SO$_4$ 质量百分浓度)/%	X_3(PEG 质量百分浓度)/%	Y/%	K
1	6.00	14.00	14.00	49.66	0.92
2	6.00	14.00	18.00	60.92	1.69
3	6.00	18.00	14.00	67.14	2.21
4	6.00	18.00	18.00	68.47	2.24
5	8.00	14.00	14.00	41.04	0.67
6	8.00	14.00	18.00	60.68	1.45
7	8.00	18.00	14.00	76.16	2.73
8	8.00	18.00	18.00	72.85	2.53
9	5.32	16.00	16.00	63.85	1.80
10	8.68	16.00	16.00	65.36	1.85
11	7.00	12.64	16.00	36.57	0.51
12	7.00	19.36	16.00	70.38	2.39
13	7.00	16.00	12.64	65.01	1.72

实验号	X_1（pH）	X_2(Na$_2$SO$_4$质量百分浓度)/%	X_3(PEG 质量百分浓度)/%	Y/%	K
14	7.00	16.00	19.36	68.88	1.98
15	7.00	16.00	16.00	75.67	2.65
16	7.00	16.00	16.00	76.84	2.51
17	7.00	16.00	16.00	74.13	2.44
18	7.00	16.00	16.00	76.15	2.61
19	7.00	16.00	16.00	74.37	2.49
20	7.00	16.00	16.00	77.96	2.51

对表 2-18 的数据进行二次多项回归拟合，得到两个响应值的二次多项回归模型如下：

$$Y= -959.529+26.35398\times X_1+72.53161\times X_2+39.10268\times X_3-3.702542\times X_1^2+1.39125\times X_1$$
$$\times X_2+0.23375\times X_1\times X_3-1.9094\times X_2^2-1.0275\times X_2\times X_3-0.718807\times X_3^2 \qquad （2-12）$$

R^2=97.65%　　　Adj. R^2=95.54%

$$K= -56.5778+2.030176\times X_1+3.410334\times X_2+2.712409\times X_3-0.220042\times X_1^2+0.08125\times X_1$$
$$\times X_2-0.01375\times X_1\times X_3-0.088156\times X_2^2-0.05375\times X_2\times X_3-0.052801\times X_3^2 \qquad （2-13）$$

R^2=98.21%　　　Adj. R^2=96.59%

式（2-12）和式（2-13）的相关系数 R^2 分别为 97.65% 和 98.21%，说明拟合性良好。两个模型的校正 R^2（Y:95.54%，K:96.59%），表明 95% 以上的实验数据的变异性可用此回归模型来解释。

对表 2-18 的实验数据进行方差分析，结果见表 2-19 和 2-20。

表 2-19　响应值 Y 的实验结果方差分析

响应值	来源	自由度	离差平方和	均方	F 值	p 值
	X_1	1	3.669 973	3.669 973	0.603 058	0.455 4
	X_2	1	1 221.941	1 221.941	200.792	<0.000 1
	X_3	1	91.908 8	91.908 8	15.102 65	0.003
	X_1^2	1	197.561 3	197.561 3	32.463 7	0.000 2
	X_2^2	1	840.651 2	840.651 2	138.137 6	<0.000 1
	X_3^2	1	119.137	119.137	19.576 84	0.001 3
	X_1X_2	1	61.938 45	61.938 45	10.177 86	0.009 6
Y	X_1X_3	1	1.748 45	1.748 45	0.287 309	0.603 7
	X_2X_3	1	135.136 8	135.136 8	22.205 97	0.000 8
	模型	9	2 533.428	281.492	46.255 38	<0.000 1
	残差	10	60.856 06	6.085 606		
	失拟项	5	50.152 73	10.030 55	4.685 711	0.057 7
	净误差	5	10.703 33	2.140 667		
	总离差	19	2 594.284			

表 2-20　响应值 K 的实验结果方差分析

响应值	来源	自由度	离差平方和	均方	F 值	p 值
	X_1	1	0.011 957	0.011 957	0.782 987	0.397
	X_2	1	4.853 865	4.853 865	317.855 5	<0.000 1
	X_3	1	0.241 818	0.241 818	15.835 44	0.002 6
	X_1^2	1	0.697 771	0.697 771	45.693 54	<0.000 1
	X_2^2	1	1.791 959	1.791 959	117.346 5	<0.000 1
	X_3^2	1	0.642 84	0.642 84	42.096 38	<0.000 1
	X_1X_2	1	0.211 25	0.211 25	13.833 71	0.004
K	X_1X_3	1	0.006 05	0.006 05	0.396 184	0.543 2
	X_2X_3	1	0.369 8	0.369 8	24.216 36	0.000 6
	模型	9	8.358 193	0.928 688	60.815 17	<0.000 1
	残差	10	0.152 707	0.015 271		
	失拟项	5	0.121 557	0.024 311	3.902 301	0.080 7
	净误差	5	0.031 15	0.006 23		
	总离差	19	8.510 9			

　　由表 2-19 和 2-20 可知，两个模型的 $p<0.01$，这表明回归方程的 F 检验极显著，说明所拟合的二次回归方程合适。对二次回归方程中一次项系数的绝对值的大小进行比较，可以判断各个因子对响应值影响的主次性（周存山等，2006）。对于木瓜蛋白酶的提取，各因素对木瓜蛋白酶提取的影响从大到小依次为 Na_2SO_4 质量百分浓度、PEG 6000 质量百分浓度、pH。表 2-19 和 2-20 的分析结果表明，在实验所选取的各个因素的水平范围内，X_1、X_1X_3 对 Y 和 K 的影响不显著，X_2、X_3、X_1^2、X_2^2、X_3^2、X_2X_3、X_1X_2 对 Y 和 K 的影响极显著。

　　从 Y 和 K 的响应面与等高线图 2-24 可知，X_1 和 X_2，X_2 和 X_3 交互效应显著。X_2 对酶活性回收率和分配系数的影响比 X_1、X_3 都大，表现为等高线呈椭圆形（韩林等，2010）。

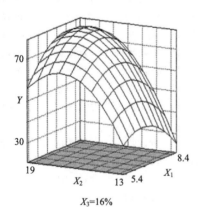
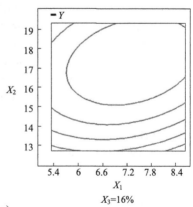

（a）

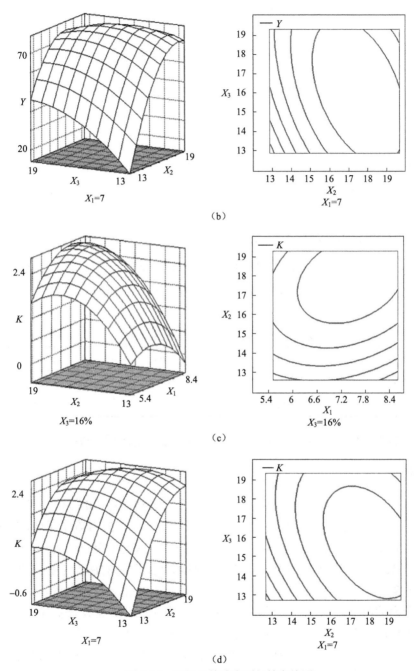

图 2-24 Y 和 K 的响应面与等高线图

在已建立的模型基础上，设定优化目标响应值 K 和 Y 达到最大，通过 SAS 软件来预测模型的最优解，选取 SAS 预测的前三个工艺条件进行实验验证，预测最优解和相应的实验验证如表 2-21。

表 2-21　响应面优化双水相萃取木瓜蛋白酶的预测和验证

水平	X_1	X_2/%	X_3/%	K 预测值	实验值	Y/% 预测值	实验值
1	7.00	18	16	2.80	3.10	78.00	82.60
2	7.84	18	16	2.76	2.91	78.15	79.00
3	7.00	18	14	2.67	2.83	77.05	78.10

由表 2-21 可知，木瓜蛋白酶的分配系数和酶活性回收率呈正相关。同时，三组的预测值和实验值的一致性非常好，表明对双水相萃取木瓜蛋白酶的条件优化是有效的。

（10）木瓜蛋白酶的放大实验

在上述优化条件下，对木瓜蛋白酶的双水相萃取进行了实验室规模的放大实验，体系总量由原来的 20 g 分别增加到 50 g、100 g、200 g，其分离结果示于表 2-22 中。

表 2-22　不同体系总量对分配的影响

体系总量/g	50	100	200
Y/%	82.15	82.56	81.64
K	3.04	3.13	3.08

由表 2-22 的结果可见，双水相体系线性放大的萃取效果较好。

3. 结论

通过分析各因素对酶活性的影响，可知木瓜蛋白酶在 pH 7.0 时酶活性最大；PEG 2000 质量百分浓度较大时对酶活性有抑制作用，PEG 4000 和 PEG 6000 对酶活性几乎没有影响，Na_2SO_4 在质量百分浓度较大时对酶活性影响较大，故 Na_2SO_4 的质量百分浓度不宜太大，以免影响木瓜蛋白酶的活性。考察 PEG 分子量及质量百分浓度、Na_2SO_4 质量百分浓度、酶添加量、pH 等因素对木瓜蛋白酶分配行为的影响，在单因素的实验基础上采用 CCD 实验设计优化双水相萃取木瓜蛋白酶的条件。单因素实验与响应面实验，确定了 PEG/Na_2SO_4 双水相体系中各因素对木瓜蛋白酶分配行为的影响规律。结果表明：Na_2SO_4 的质量百分浓度对分配行为的影响极显著，其次是 PEG 的质量百分浓度，pH 的影响相对较低。PEG/Na_2SO_4 双水相萃取木瓜蛋白酶的三个主要影响因素 X_1（pH），X_2（Na_2SO_4 质量百分浓度），X_3（PEG 质量百分浓度）对应的两个响应值的二次回归模型为

$Y=-959.529+26.35398\times X_1+72.53161\times X_2+39.10268\times X_3-3.702542\times X_1^2+1.39125\times X_1$

$\qquad \times X_2+0.23375\times X_1\times X_3-1.9094\times X_2^2-1.0275\times X_2\times X_3-0.718807\times X_3^2 \qquad (2\text{-}14)$

$R^2=97.65\%$ 　　　　Adj. $R^2=95.54\%$

$K=-56.5778+2.030176\times X_1+3.410334\times X_2+2.712409\times X_3-0.220042\times X_1^2+0.08125\times X_1$

$\qquad \times X_2-0.01375\times X_1\times X_3-0.088156\times X_2^2-0.05375\times X_2\times X_3-0.052801\times X_3^2 \qquad (2\text{-}15)$

$R^2=98.21\%$ 　　　　Adj. $R^2=96.59\%$

　　优化得到的最佳双水相分配体系：PEG 6000 质量百分浓度 16%，Na_2SO_4 质量百分浓度 18%，pH 7.0，酶添加量 1.0 mg/g，常温。在上述条件下，分配系数可以达到 3.1，酶活性回收率可以达到 82.6%，并进行了实验室规模的放大，重复性实验结果较好，证明响应面法对 PEG/Na_2SO_4 双水相萃取木瓜蛋白酶条件的优化是有效的，为进一步的实验研究奠定了理论基础。

2.5.4　$PEG/(NH_4)_2SO_4$双水相萃取木瓜蛋白酶的研究

　　本小节测定了 $PEG/(NH_4)_2SO_4$ 双水相体系液-液相平衡的数据并用经验方程对其进行了关联，以木瓜蛋白酶为模型蛋白，研究了 $PEG/(NH_4)_2SO_4$ 双水相各因素对其分配行为的影响情况，并通过分配系数和酶活性回收率对其萃取效果进行了比较。在上述实验的基础上建立了 $PEG/(NH_4)_2SO_4$ 双水相体系的分配模型，为双水相中木瓜蛋白酶分配行为的预测提供了理论指导，对目前制约我国高端木瓜蛋白酶生产技术的关键问题的解决有促进作用。

　　1. 相平衡的实验方法

　　（1）相图的测定方法

　　$PEG/(NH_4)_2SO_4$ 双水相体系相图的测定，利用浊点滴定法（Ferreira et al., 2011）测定双节线的组成，在 298.15 K 恒温条件下进行操作。取一定量已知浓度的不同分子量的 PEG 放在 100 ml 的小烧杯里，向其中滴加已知浓度的$(NH_4)_2SO_4$溶液，同时利用磁力搅拌器进行搅拌直到溶液出现浑浊，变为双相区。算出浊点时溶液各组分的质量百分浓度。再向浑浊溶液中滴加去离子水，直至溶液变为澄清，变为单相区，再继续滴加已知浓度的$(NH_4)_2SO_4$溶液直到下一个浑浊点出现，反复重复上述操作。

　　（2）液-液相平衡数据的测定

　　以相图为指导，选取大致适当的点配置溶液，将溶液加入离心管中，在恒温振荡器上振荡半小时，在一定温度下放置一段时间，待溶液分相完全，体系达到平衡，测定上下相各组分质量百分浓度。

（3）双水相体系各组分含量的测定

$(NH_4)_2SO_4$ 质量百分浓度的测定：$(NH_4)_2SO_4$ 的含量用甲醛滴定法测定（陆瑾，2004）。$(NH_4)_2SO_4$ 溶液和甲醛反应可以生成六次甲基四胺和硫酸，而硫酸的含量可以通过 NaOH 滴定算出。准确称取适量的上下相各组分于 250 ml 锥形瓶内，加入一定量的水和 25 ml 中性甲醛溶液，摇匀静置 30 min，用已经标定好的 0.1 mol/L 的 NaOH 标准溶液进行滴定，直至溶液的颜色变成粉红色，再将其放置于 50℃左右的水浴锅中加热，然后接着滴定，直至溶液的颜色呈现粉红色并保持 5 min 不褪色。通过实验可知，甲醛滴定法测定上下相中$(NH_4)_2SO_4$ 的相对误差为 0.30%，表明 PEG 的存在对$(NH_4)_2SO_4$ 的测定没有影响。

反应式为

$$2(NH_4)_2SO_4+6HCHO \longrightarrow N_4(CH_2)_6+2H_2SO_4+6H_2O \qquad （2\text{-}16）$$

$$H_2SO_4+2NaOH \longrightarrow Na_2SO_4+2H_2O \qquad （2\text{-}17）$$

$$(NH_4)_2SO_4\% = \frac{V \times 10^{-3} \times C}{2W} \times 100\% \qquad （2\text{-}18）$$

式中，V 为样品消耗 NaOH 标准溶液的体积（ml）；C 为 NaOH 标准溶液的浓度（mol/L）；W 为样品质量（g）。

PEG 质量百分浓度的测定：PEG 的质量百分浓度由折射率法来确定（Zafarani-Moattar et al.，2004）。折射率 n，PEG 的质量百分浓度 W_P，$(NH_4)_2SO_4$ 的质量百分浓度 W_S，三者之间的关系为 $n = a_0 + a_1W_P + a_2W_S$，方程参数见表 2-23。

表 2-23　PEG/$(NH_4)_2SO_4$ 双水相方程参数

a_0	a_1	a_2
1.331 0	PEG 2000，1.41×10^{-3} PEG 4000，1.50×10^{-3} PEG 6000，1.46×10^{-3}	$(NH_4)_2SO_4$，1.47×10^{-3}

2. PEG/$(NH_4)_2SO_4$ 双水相体系实验方法

（1）不同分子量的 PEG 对木瓜蛋白酶分配行为的影响

实验固定 PEG 的质量百分浓度为 18%，$(NH_4)_2SO_4$ 的质量百分浓度为 18%，pH 7.0，酶添加量 2.0 mg/g，298.15 K 温度下静置 60 min，研究 PEG 分子量分别为 2000、4000 和 6000 时对木瓜蛋白酶分配系数和酶活性回收率的影响。计算公式为式（2-10）和（2-11）。

（2）PEG 6000 质量百分浓度对木瓜蛋白酶分配行为的影响

实验固定$(NH_4)_2SO_4$ 的质量百分浓度为 16%，pH 7.0，酶添加量 2.0 mg/g，

298.15 K 温度下静置 60 min，吸取上下相分别测其木瓜蛋白酶活性及蛋白质浓度，研究不同质量百分浓度 PEG 6000（12%、14%、16%、18%、20%、22%）对木瓜蛋白酶分配行为的影响。

（3）$(NH_4)_2SO_4$ 质量百分浓度对木瓜蛋白酶分配行为的影响

实验固定 PEG 6000 质量百分浓度 20%，pH 7.0，酶添加量 2.0 mg/g，298.15 K 温度下静置 60 min，吸取上下相分别测其木瓜蛋白酶活性及蛋白质浓度，研究不同质量百分浓度$(NH_4)_2SO_4$（12%、14%、16%、18%、20%、22%）对木瓜蛋白酶分配行为的影响。

（4）体系 pH 对木瓜蛋白酶分配行为的影响

固定双水相的组成，质量百分浓度为 20% 的 PEG 6000，质量百分浓度为 18% 的$(NH_4)_2SO_4$，酶添加量 2.0 mg/g，298.15 K 温度下静置 60 min，研究不同 pH（4.0、5.0、6.0、7.0、8.0、9.0）对木瓜蛋白酶分配行为的影响。

（5）酶添加量对木瓜蛋白酶分配行为的影响

固定双水相的组成，质量百分浓度为 20% 的 PEG 6000，质量百分浓度为 18% 的$(NH_4)_2SO_4$，pH 7.0，298.15 K 温度下静置 60 min，研究不同酶添加量（1.0 mg/g、1.5 mg/g、2.0 mg/g、2.5 mg/g、3.0 mg/g、3.5 mg/g）对木瓜蛋白酶分配行为的影响。

（6）响应面实验设计

在上述单因素实验基础上，固定实验温度为 298.15 K，采用响应面实验设计，对 X_1（PEG 6000 质量百分浓度）、X_2[$(NH_4)_2SO_4$ 质量百分浓度]、X_3（pH）三个因素进行优化，得到 PEG 6000/$(NH_4)_2SO_4$ 双水相萃取木瓜蛋白酶的条件，以分配系数和酶活性回收率为响应值进行响应面实验，实验因素与水平如表 2-24 所示。

表 2-24　PEG 6000/$(NH_4)_2SO_4$ 双水相萃取木瓜蛋白酶的响应面实验设计因素及水平编码表

水平	因素		
	X_1/(%)	X_2/(%)	X_3/(pH)
1.68	21.68	19.68	8.68
1	21.00	19.00	8.00
0	20.00	18.00	7.00
−1	19.00	17.00	6.00
−1.68	18.32	16.32	5.32

3. 分配模型的建立

在上述实验的基础上，在较宽的双水相组成范围内，选取不同组成的双水相体系，测定体系上下相中木瓜蛋白酶的活性及上下相各组分的含量，考察双水相各组分浓度与分配系数的相关度。相关度大于 0.7 表明分配系数与组分浓度的相关度良好，该浓度可以用于模型的建立，反之，该浓度不适用于模型的建立。双水相体系中木瓜蛋白酶的分配系数 K 定义为双水相分相后上相中木瓜蛋白酶活性（U_t）与下相中木瓜蛋白酶活性（U_b）的比值，公式表达如下：

$$K = \frac{U_t}{U_b} \qquad (2\text{-}19)$$

变量 x 和 y 的相关度 ρ 定义为

$$\rho(x,y) = \frac{\text{cov}(x,y)}{(\sqrt{Dx}\sqrt{Dy})} \qquad (2\text{-}20)$$

式中，

$$\text{cov}(x,y) = E\big[(x - Ex)(y - Ey)\big] \qquad (2\text{-}21)$$

$$Dx = E(x - Ex)^2 \qquad (2\text{-}22)$$

$$Ex = \frac{1}{n}\sum_{i=1}^{n} x_i \qquad (2\text{-}23)$$

4. PEG/(NH₄)₂SO₄ 双水相体系相平衡的研究结果

（1）PEG 分子量对 PEG/(NH₄)₂SO₄ 双水相体系相平衡的影响

298.15 K 条件下，PEG（2000、4000、6000）/(NH₄)₂SO₄ 双水相体系的双节线数据列于表 2-25 中。

表 2-25　PEG(2000、4000、6000) / (NH₄)₂SO₄ 双水相体系双节线数据（T=298.15 K）

w_S /%	w_{P2000} /%	w_S /%	w_{P4000} /%	w_S /%	w_{P6000} /%
4.56	29.93	6.56	20.85	4.89	26.89
5.83	23.73	8.50	14.31	6.96	17.91
6.92	19.64	9.09	12.60	8.10	14.13
7.87	16.92	9.51	11.21	8.70	12.07
8.50	14.60	10.11	9.68	9.82	9.31
9.21	12.45	10.71	8.30	10.49	7.50
9.85	11.10	11.11	7.25	10.89	6.42
10.06	10.29	11.52	6.31	11.25	5.66
10.43	9.41	11.88	5.57	11.64	4.98

续表

w_S /%	w_{P2000} /%	w_S /%	w_{P4000} /%	w_S /%	w_{P6000} /%
10.79	8.50	12.11	5.06	11.94	4.26
11.03	7.82	12.52	4.25	12.33	3.57
11.27	7.37	12.89	3.59	12.62	2.98
11.64	6.46	13.47	2.94	13.02	2.42
11.91	5.76	13.66	2.47		
12.20	5.19				
12.45	4.61				
13.07	3.74				
13.37	3.22				
13.75	2.64				
14.22	2.15				

　　根据实验数据，绘制 PEG(2000、4000、6000)/(NH$_4$)$_2$SO$_4$ 双水相体系的相图，如图 2-25 所示。由图 2-25 可知，双水相体系的两相区随着 PEG 分子量的增大而变大。这主要是因为在 PEG/盐双水相体系中，在静电斥力的作用下，PEG 分子量的增大使得体系中水化离子与 PEG 分子间的不溶性增强。此外，PEG 的疏水性也随着分子量的增大而变强。在相同的 PEG 质量百分浓度下，PEG 分子量越大，形成双水相所需的(NH$_4$)$_2$SO$_4$ 含量越低。所以，各分子量 PEG 的成相能力为：PEG 6000>PEG 4000>PEG 2000。

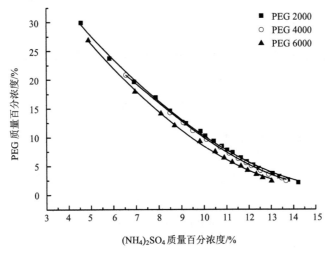

图 2-25　298.15 K 下 PEG/(NH$_4$)$_2$SO$_4$ 双水相体系的双节线

（2）体系温度对 PEG/(NH₄)₂SO₄ 双水相体系相平衡的影响

Murugesan 等（2005）曾报道了温度对 PEG 2000/枸橼酸钠双水相体系相图的影响，结果表明，PEG 2000/枸橼酸钠的两相区随着温度的升高而增大。在此，我们研究不同温度（298.15 K、308.15 K、318.15 K）条件下 PEG 6000/(NH₄)₂SO₄ 双水相体系的相行为。图 2-26 表示的是 PEG 6000/(NH₄)₂SO₄ 双水相体系双节线随温度的变化关系，从图 2-26 中可知，温度从 298.15 K 升高到 318.15 K，双节线两相区随着温度的升高成相能力增强，即双节线更靠近原点，这与 Murugesan 的报道是一致的。

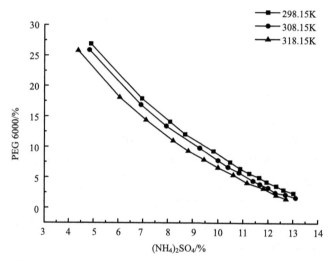

图 2-26　不同温度下 PEG 6000/(NH₄)₂SO₄ 双水相体系的双节线

（3）双节线数据的关联

采用上文的方法测定 PEG/(NH₄)₂SO₄ 双水相体系双节线上的数据，并通过 Merchuk 方程对测得的实验数据进行关联。

$$W_P = a\exp(bW_S^{0.5} - cW_S^3) \tag{2-24}$$

式中，a、b、c 为经验方程参数，W_P 和 W_S 分别代表 PEG 和 (NH₄)₂SO₄ 的质量百分浓度。

近几年，Merchuk 方程已成功关联了聚合物/盐和离子液体/盐双水相体系的双节线数据。Merchuk 经验方程形式简洁，比 Pitzer、Cabezas 等半经验半理论模型具有更广泛的实际应用价值（Zafarani-Moattar et al., 2008）。相关系数（R^2）和标准差（SD）见表 2-26。从表 2-26 中可知，双节线关联方程的关联度很好，对此体系双水相相图的制作有现实的指导意义。

表 2-26　298.15 K 时 PEG/(NH$_4$)$_2$SO$_4$ 双节点关联结果

PEG 分子量	a	b	c	R^2	SD^a
200 0	88.87	−0.49	6.14×10^{-4}	0.999 2	0.25
400 0	62.29	−0.35	7.35×10^{-4}	0.999 5	0.10
600 0	96.12	−0.53	7.22×10^{-4}	0.999 8	0.08

注：$\mathrm{SD}^a = \sqrt{\sum_{i=1}^{N}(w_p^{cal} - w_p^{exp})^2 \Big/ N}$，$N$ 是双节点的数。

（4）利用经验方程对双水相液-液相平衡数据进行关联

至今，已经有很多模型用于关联双水相体系液-液相平衡的数据，这里我们用 Othmer-Tobias 和 Bancrof 经验方程对双水相液-液相平衡的数据进行关联，Othmer-Tobias 和 Bancrof 经验关联方程（Zafarani-Moattar et al.，2014）的表达式如下：

$$\left(\frac{1 - W_P^t}{W_P^t} \right) = K \left(\frac{1 - W_S^b}{W_S^b} \right)^n \tag{2-25}$$

$$\left(\frac{W_W^b}{W_S^b} \right) = K_1 \left(\frac{W_W^t}{W_P^t} \right)^r \tag{2-26}$$

式中，W_P^t 为上相中聚乙二醇的质量百分浓度；W_S^b 为下相中硫酸铵的质量百分浓度；W_W^t、W_W^b 分别为上相、下相中水的质量百分浓度；K、K_1、n 和 r 为方程参数。以 $\lg[(1 - W_P^t)/W_P^t]$ 为纵坐标，$\lg[(1 - W_S^b)/W_S^b]$ 为横坐标作图，通过直线的斜率、直线的截距和线性相关系数可以得到 K、n 和 R^2；同样以 $\lg(W_W^b/W_S^b)$ 为纵坐标，以 $\lg(W_W^t/W_P^t)$ 为横坐标作图，通过直线的斜率、直线的截距和线性相关系数可以得到 K_1、r 和 $R^{2'}$。将 298.15 K 时 PEG/(NH$_4$)$_2$SO$_4$ 系统液-液相平衡实验数据作图 2-27、图 2-28，结果见表 2-27。线性相关系数表明 Othmer-Tobias 方程和 Bancrof 方程可以很好的关联 PEG/(NH$_4$)$_2$SO$_4$ 相平衡的数据。

表 2-27　PEG/(NH$_4$)$_2$SO$_4$ 双水相方程（2-27）和方程（2-28）中的参数

PEG 分子量	K	n	R^2	K_1	r	$R^{2'}$
200 0	0.303 9	1.302 7	0.999 4	2.489 4	0.787 7	0.998 0
400 0	0.235 4	1.424 3	0.996 3	2.815 1	0.701 0	0.994 2
600 0	0.325 0	1.117 2	0.997 3	2.775 9	0.933 9	0.998 0

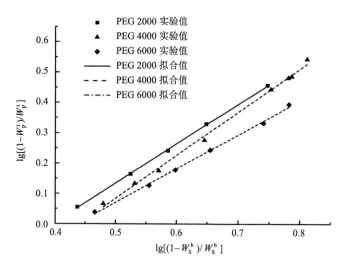

图 2-27　Othmer-Tobias 方程的线性相关性

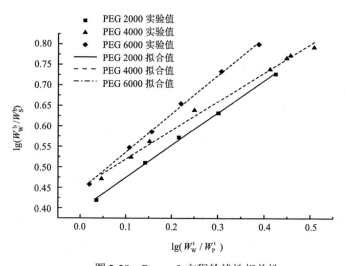

图 2-28　Bancroft 方程的线性相关性

　　由回归参数和下相各组分质量百分浓度可以计算上相各组分的质量百分浓度，结果见表 2-28，PEG 2000、PEG 4000 和 PEG 6000 的平均相对误差分别为 0.005 9%、0.015% 和 −0.33%。$(NH_4)_2SO_4$ 的平均绝对误差分别为 −0.018%，−0.002 5%，0.003 5%。可见，方程拟合结果较好。

表 2-28　298.15K 时 PEG/ (NH₄)₂SO₄ 双水相液-液相平衡拟合结果

实验值			拟合值			误差		
W_P / %	W_S / %	W_{H_2O} / %	W_P / %	W_S / %	W_{H_2O} / %	W_P / % **	W_S / % *	W_{H_2O} / % **
PEG 2000+(NH₄)₂SO₄								
25.86	5.49	68.65	25.92	5.87	68.21	0.23	0.38	−0.64
31.89	4.30	63.81	32.00	4.14	63.85	0.34	−0.16	0.06
36.45	3.64	59.91	36.20	3.15	60.64	−0.68	−0.49	1.21
40.65	3.01	56.34	40.55	2.83	56.63	−0.24	−0.18	0.51
46.83	2.37	50.80	47.01	2.73	50.27	0.38	0.36	−1.04
PEG 4000+(NH₄)₂SO₄								
24.59	5.07	70.34	24.36	5.16	70.48	−0.94	0.09	0.20
26.45	5.24	68.31	26.47	5.10	68.44	0.077	−0.14	0.0019
24.80	5.62	69.58	24.71	5.36	69.94	−0.36	−0.26	0.52
22.23	6.07	71.60	22.88	6.48	70.64	2.92	0.41	−0.013
34.61	3.85	61.54	33.84	3.12	63.03	−2.22	−0.73	2.42
42.39	2.8	54.77	42.65	2.87	54.49	0.61	0.07	−0.51
46.18	2.44	51.38	46.84	2.87	50.29	1.43	0.43	−2.12
40.08	3.11	56.82	39.52	3.22	57.27	−1.40	0.11	0.0079
PEG 6000+(NH₄)₂SO₄								
27.77	4.40	67.84	28.89	5.54	65.77	4.02	0.95	−3.14
31.75	3.84	64.41	31.41	4.32	64.27	−1.07	0.48	−0.22
36.33	3.38	60.30	35.38	3.78	60.83	−2.60	0.41	0.87
39.89	2.93	57.18	38.95	3.21	57.83	−2.36	0.29	1.13
42.76	2.48	54.77	42.46	2.64	54.88	−0.69	0.17	0.22
47.78	2.19	50.03	48.13	2.01	49.87	0.72	−0.18	−0.32

注："**"表示平均相对误差，"*"表示平均绝对误差。

5. PEG/(NH₄)₂SO₄ 双水相萃取木瓜蛋白酶

（1）不同分子量的 PEG 对木瓜蛋白酶分配行为的影响

由图 2-29 可知，木瓜蛋白酶的分配系数和酶活性回收率随着 PEG 分子量的增加而增大，其原因可能是由于盐离子的水化作用，暴露了木瓜蛋白酶表面的疏水区域，从而使木瓜蛋白酶表面的疏水性增强,导致木瓜蛋白酶更容易分配于 PEG 分子量较大的一相。

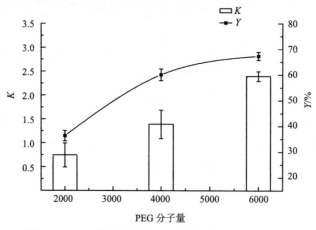

图 2-29　PEG 分子量对木瓜蛋白酶分配行为的影响

（2）PEG 6000 质量百分浓度对木瓜蛋白酶分配行为的影响

　　从图 2-30 可看出，木瓜蛋白酶在 PEG 6000/(NH$_4$)$_2$SO$_4$ 双水相体系中的分配系数和酶活性回收率随着 PEG 6000 质量百分浓度的增加呈现出先增加后下降的趋势，在 PEG 6000 质量百分浓度为 20%时达到最大值，分配系数和酶活性回收率分别为 2.35 和 63.41%。由双水相相图 2-25 可知，随着 PEG 6000 用量的增加，成相物质的总浓度在不断地增加，双水相体系远离临界点，系线长度增加，体积比逐渐增加，木瓜蛋白酶在两相中的分配差距逐渐增大，分配系数和酶活性回收率也逐渐增加；但是继续增加 PEG 6000 的用量，上相中的空间斥力作用加强，体系的黏度增加，下相中的木瓜蛋白酶分子停留在两相界面处，在两相之间形成一层乳化层，从而阻碍了木瓜蛋白酶分子在相间的传递和扩散（冯自立等，2010），降低了分配系数和酶活性回收率。

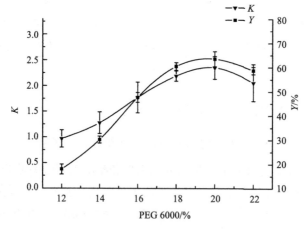

图 2-30　PEG 6000 质量百分浓度对木瓜蛋白酶分配行为的影响

（3）(NH₄)₂SO₄ 质量百分浓度对木瓜蛋白酶分配行为的影响

由图 2-31 可知，木瓜蛋白酶分配系数和酶活性回收率随着(NH₄)₂SO₄ 质量百分浓度的增加而增加，当(NH₄)₂SO₄ 质量百分浓度为 18%时，木瓜蛋白酶分配系数和酶活性回收率达到最大，分别为 2.65 和 72.41%。这种现象可能与无机盐的盐析作用有关（Mehrnoush et al.，2011），(NH₄)₂SO₄ 质量百分浓度增加，盐析作用增强，木瓜蛋白酶分配于 PEG 相。但是过多的无机盐可能会影响酶的活性，同时可能导致下相中的杂蛋白转移到上相，从而降低了上相中木瓜蛋白酶的活性和回收率。因此，选取 18%的(NH₄)₂SO₄ 进行后续的实验。

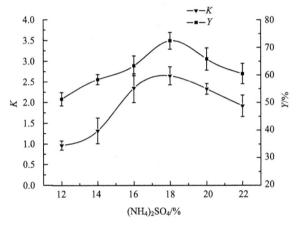

图 2-31　(NH₄)₂SO₄ 质量百分浓度对木瓜蛋白酶分配行为的影响

（4）体系 pH 对木瓜蛋白酶分配行为的影响

从图 2-32 可知，随着 pH 的增大，木瓜蛋白酶分配系数和酶活性回收率呈现先增加后下降的趋势，且在 pH 为 7.0 处达到最大值。pH 不同会影响蛋白质表面所

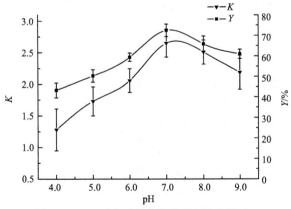

图 2-32　pH 对木瓜蛋白酶分配行为的影响

带电荷的不同，进而影响蛋白质与成相物质之间的氢键效应和电荷效应，最终影响蛋白质在双水相体系中的分配，pH 还可以影响双水相体系中盐的解离度，从而改变上下相间的电位差，例如，体系 pH 离蛋白质的等电点越远，蛋白质在上下相中分配越不均匀，pH 的微小改变可能导致蛋白质分配系数变化 2～3 个数量级（Sarangi et al.，2011）。

（5）酶添加量对木瓜蛋白酶分配行为的影响

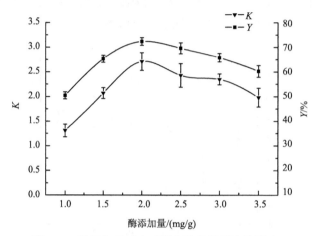

图 2-33　酶添加量对木瓜蛋白酶分配行为的影响

从图 2-33 可知，随着酶添加量的增加，木瓜蛋白酶的分配系数和酶活性回收率先增加后缓慢下降，当酶添加量为 2.0 mg/g 时分配系数和酶活性回收率达到最大，分别为 2.71 和 72.34%。当木瓜蛋白酶添加量小于 2.0 mg/g 时，K 值随着酶添加量的增大而增大，这可能是由于盐析作用使木瓜蛋白酶转移到上相所致。随着酶添加量的继续增大，上相中的木瓜蛋白酶趋于饱和，且乳化现象逐渐严重，导致分配系数和酶活性回收率呈现缓慢下降的趋势。因此，木瓜蛋白酶添加量的最佳选择应为 2.0 mg/g。

（6）响应面实验结果及方差分析

综合单因素实验结果，选取 PEG 6000 质量百分浓度（X_1）、$(NH_4)_2SO_4$ 质量百分浓度（X_2）、pH（X_3）为分析因素，根据响应面分析实验设计原理进行响应面实验，响应面设计及结果如表 2-29 所示。利用 Design-Expert. V8.0.6.1 软件进行多元回归拟合，得到两个响应值的二次多项式回归模型如下：

$$K= -303.77309+10.63393X_1+21.77692X_2+0.52821X_3-0.15375X_1X_2+0.10875X_1X_3$$
$$+0.13625X_2X_3-0.21399X_1^2-0.5428X_2^2-0.35541X_3^2$$

R^2=95.19%　　　　Adj. R^2=90.86%

$Y= -6369.1661+188.37428X_1+468.58415X_2+85.17457X_3-1.9825X_1X_2+0.485X_1X_3$
$\quad +1.5X_2X_3-3.88339X_1^2-12.15124X_2^2-8.27806X_3^2$

$R^2=88.75\%$　　　　Adj. $R^2=85.32\%$

表 2-29　响应面实验设计结果

实验编号	$X_1/\%$	$X_2/\%$	X_3	K	$Y/\%$
1	19.00	17.00	6.00	1.39	44.01
2	21.00	17.00	6.00	1.40	44.79
3	19.00	19.00	6.00	1.64	49.65
4	21.00	19.00	6.00	1.23	40.32
5	19.00	17.00	8.00	1.32	59.19
6	21.00	17.00	8.00	1.96	59.73
7	19.00	19.00	8.00	2.31	68.65
8	21.00	19.00	8.00	2.14	63.44
9	18.32	18.00	7.00	1.84	55.83
10	21.68	18.00	7.00	2.35	69.77
11	20.00	16.32	7.00	1.07	35.60
12	20.00	19.68	7.00	1.26	43.23
13	20.00	18.00	5.32	1.58	47.56
14	20.00	18.00	8.68	1.81	53.18
15	20.00	18.00	7.00	2.87	80.59
16	20.00	18.00	7.00	2.65	72.31
17	20.00	18.00	7.00	2.71	76.27
18	20.00	18.00	7.00	2.73	76.18
19	20.00	18.00	7.00	2.95	81.84
20	20.00	18.00	7.00	2.61	71.31

　　校正相关系数和相关系数可以解释回归方程与实测值之间的拟合度（孟宪军，2013）。K 的校正相关系数为 90.86%，表明大约 91% 的分配系数与 PEG 6000 的质量百分浓度 W_P、$(NH_4)_2SO_4$ 的质量百分浓度 W_S 和 pH 有关，其整体变化程度仅有约 9% 不能用此回归方程来解释；相关系数为 95.19%，说明 K 的实测值和预测值间有很好的拟合度。同理，酶活性回收率 Y 的实测值和预测值间有较好的拟合度。由回归方程的方差分析可知（表 2-30 和表 2-31），响应值 K 和 Y 的失拟项不显著（分别为 0.121 0、0.078 5），两个模型的 p 值均小于 0.001，表明方程的 F 检验极显著，方程对实验拟合度较好，可靠性较高。各因素 F 值的大小可用于评价该因素对实验指标影响程度的大小，F 值越大，表明该因素的影响越显著（王岸娜等，2012）。由表 2-29 和表 2-30 可知，各因素对木瓜蛋白酶在 PEG/$(NH_4)_2SO_4$ 双水相分配行为的影响顺序为 pH>W_S>W_P。

表 2-30　响应值 K 的实验结果方差分析

响应值	变异来源	自由度	离差平方和	均方	F 值	p 值
	X_1	1	0.063	0.063	1.80	0.209 9
	X_2	1	0.180	0.18	5.14	0.046 8
	X_3	1	0.440	0.44	12.60	0.005 3
	X_1*X_1	1	0.660	0.66	18.81	0.001 5
	X_2*X_2	1	4.250	4.25	121.00	<0.000 1
	X_3*X_3	1	1.820	1.82	51.88	<0.000 1
	X_1*X_2	1	0.190	0.19	5.39	0.042 7
	X_1*X_3	1	0.095	0.095	2.70	0.131 6
	X_2*X_3	1	0.150	0.15	4.23	0.066 7
K	Model	9	6.950	0.77	21.99	<0.000 1
	残差	10	0.350	0.35		
	失拟项	5	0.260	0.053	3.08	0.121 0
	净误差	5	0.086	0.017		
	总和	19	7.300			

表 2-31　响应值 Y 的实验结果方差分析

响应值	变异来源	自由度	离差平方和	均方	F 值	p 值
	X_1	1	7.65	7.65	0.17	0.687 4
	X_2	1	54.06	54.06	1.21	0.296 7
	X_3	1	488.66	488.66	10.96	0.007 9
	X_1*X_1	1	217.33	217.33	4.87	0.051 8
	X_2*X_2	1	2 127.86	2 127.86	47.72	<0.000 1
	X_3*X_3	1	987.55	987.55	22.15	0.000 8
	X_1*X_2	1	31.44	31.44	0.71	0.042 0
	X_1*X_3	1	1.88	1.88	0.042	0.841 4
	X_2*X_3	1	18.00	18.00	0.40	0.539 5
Y	Model	9	3 518.35	390.93	8.77	0.001 1
	残差	10	445.93	44.59		
	失拟项	5	356.08	71.22	3.96	0.078 5
	净误差	5	89.85	17.97		
	总和	19	3 964.28			

　　在上述分析的基础上，根据回归方程拟合绘制响应面图（图 2-34）。响应面图形象地表示了各个变量的实验水平和变量之间的交互作用关系。坡度可以反映变量对分配系数及酶活性回收率影响的强弱程度（岳喜庆等，2011）。等高线的形状反映变量间交互作用的显著程度，椭圆等高线说明变量间的交互作用显著，圆形等高线说明交互作用不显著（Rodriguez et al.，2012）。通过分析图 2-34 可

知，在所分析的范围内，分配系数 K 和酶活性回收率 Y 随着$(NH_4)_2SO_4$ 的添加量呈现先增大后变小的趋势，而随着 PEG 6000 添加量的增加变化较为平缓，这可能是由于无机盐的盐析作用使木瓜蛋白酶分配到上相；等高线图呈椭圆形，说明 X_1、X_2 交互作用显著。

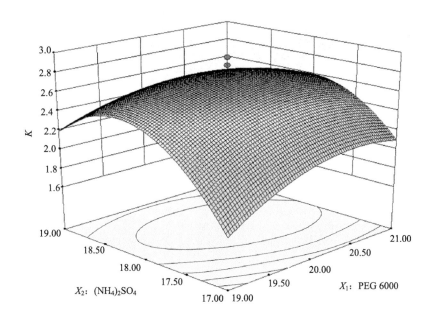

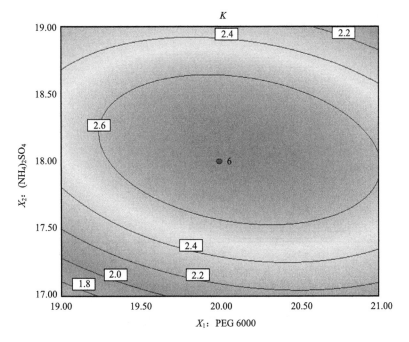

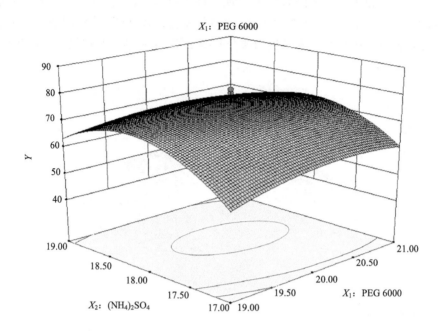

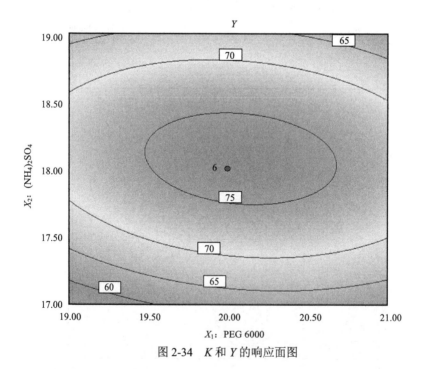

图 2-34　K 和 Y 的响应面图

经优化得 298.15 K 温度下的最佳萃取条件为：PEG 6000 质量百分浓度 20.16%，

$(NH_4)_2SO_4$ 质量百分浓度 18.11%，pH 7.34，酶添加量 2 mg/g。该条件下，木瓜蛋白酶的分配系数 K 为 2.79，体系对木瓜蛋白酶活性回收率 Y 为 77.49%。为验证预测结果的准确性，进行了 4 组平行实验，结果得到，木瓜蛋白酶的平均分配系数 K 为 2.71，体系对木瓜蛋白酶活性平均回收率 Y 为 77.12%。预测值和实验值的一致性非常好，表明对双水相萃取木瓜蛋白酶的条件优化是有效的。

（7）分配系数模型

根据双节线拟合方程和液-液相平衡的实验数据，选取不同组成的双水相体系萃取木瓜蛋白酶，测定上下相组分及酶活性，考察组分浓度与分配系数的相关度，$PEG/(NH_4)_2SO_4$ 双水相各组分相关度见表 2-32。

表 2-32　分配系数与双水相体系组分浓度的相关度

	ρ					
	PEG^t	$(NH_4)_2SO_4^t$	PEG^b	$(NH_4)_2SO_4^b$	ΔPEG	$\Delta(NH_4)_2SO_4$
$\ln K$（200 0）	0.633 1	−0.458 6	−0.234 7	0.698 3	0.725 3	0.857 9
$\ln K$（400 0）	0.577 1	−0.550 7	−0.422 1	0.663 9	0.783 5	0.832 1
$\ln K$（600 0）	0.589 4	0.321 9	0.478 6	0.638 3	0.873 7	0.900 1

注：t 代表上相，b 代表下相，△代表上下相浓度差。

从表 2-32 可知分配系数与上下相各组分浓度的相关度较低且相关系数都小于 0.7，但与 PEG 的上下相浓度差和 $(NH_4)_2SO_4$ 的上下相浓度差的相关性较好且相关系数都大于 0.7。由关联体系的分配系数与 PEG 和 $(NH_4)_2SO_4$ 在上下相的浓度差得

$$\frac{\ln K - C}{\sqrt{m_P^2 + m_S^2}} = A(m_P^2 + m_S^2) + B\sqrt{m_P^2 + m_S^2} \qquad (2\text{-}27)$$

式中，m_P、m_S 分别代表 PEG 和 $(NH_4)_2SO_4$ 在上下相中的浓度差，A、B、C 代表方程参数。方程形式与 Diamond-Hus 模型相似。

用上述模型模拟了木瓜蛋白酶在 $PEG/(NH_4)_2SO_4$ 双水相体系中的分配系数，用 Mathematic 软件对模型进行了回归，参数拟合采用最小二乘法，结果见表 2-33、图 2-35～图 2-37。由表 2-33 可知，本书模型的相对偏差均小于 10%，与 Diamond-Hus（Diamond et al.，1990）模型（简称 D-H 模型）和彭钦华等（彭钦华等，1994）提出的模型相比，本书建立的模型相对偏差较小。

表 2-33　　模型参数和分配系数预测值与实验值的相对偏差

双水相组成	A	B	C	ARD/%		
				本书模型	彭钦华模型	D-H 模型
PEG 2000+(NH$_4$)$_2$SO$_4$	−337.45	378.97	−102.19	9.21	21.75	25.35
PEG 4000+(NH$_4$)$_2$SO$_4$	288.80	−103.66	−17.72	3.75	28.22	20.27
PEG 6000+(NH$_4$)$_2$SO$_4$	198.35	−110.63	5.56	3.45	29.94	19.46

注：$ARD = \dfrac{1}{N}\left(\sum (K^{cal} - K^{exp})/K^{exp}\right)$。

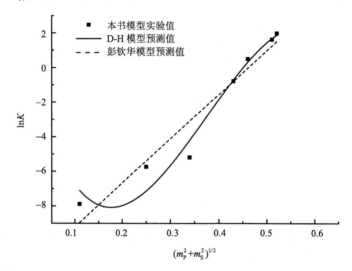

图 2-35　PEG 2000/(NH$_4$)$_2$SO$_4$ 双水相体系中木瓜蛋白酶分配系数的预测值

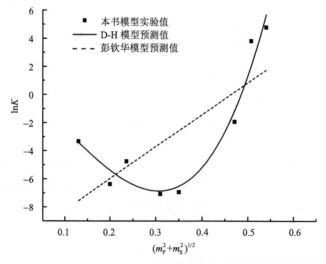

图 2-36　PEG 4000/(NH$_4$)$_2$SO$_4$ 双水相体系中木瓜蛋白酶分配系数的预测值

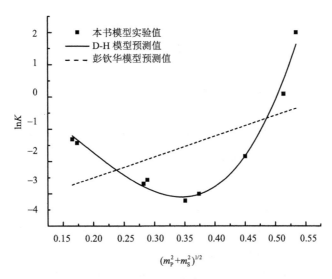

图 2-37　PEG6000/(NH₄)₂SO₄双水相体系中木瓜蛋白酶分配系数的预测值

图 2-35～图 2-37 给出了木瓜蛋白酶在 PEG/(NH₄)₂SO₄ 双水相体系的分配系数与浓度差的关联结果，由图可知，分配系数的对数与浓度差呈线性关系，拟合结果令人满意，说明本书建立的模型是有效的。从图 2-35～图 2-37 和表 2-33 中的相对偏差的比较均可看出，本书建立的模型与其他模型相比有较大的改进。虽然 PEG 2000 的相对偏差大于 PEG 4000 和 PEG 6000，但其相对偏差均小于 10%，说明本书建立的分配模型适用于拟合木瓜蛋白酶在 PEG/(NH₄)₂SO₄ 双水相体系中的分配行为。在本书建立的体系中，木瓜蛋白酶在 PEG 4000 体系中的分配系数较高于 PEG 2000 体系，与文献（乐薇等，2011）报道一致。其原因可能是由于盐离子的水化作用，暴露了木瓜蛋白酶表面的疏水区域，从而使木瓜蛋白酶表面的疏水性增强，导致木瓜蛋白酶更容易分配于 PEG 分子量较大的一相。

6. 结论

（1）PEG/(NH₄)₂SO₄双水相相平衡的研究

通过测定，298.15 K 条件下 PEG/(NH₄)₂SO₄ 的双水相相图可知，PEG 分子量越大其疏水能力越强，其成相能力也就越强，即分子量越大的 PEG 成相时所需的 (NH₄)₂SO₄越少；研究还表明体系温度对 PEG/(NH₄)₂SO₄ 双水相体系的形成有一定的促进作用，温度升高后 PEG/(NH₄)₂SO₄ 双水相区域增大，双节线更靠近原点。Othmer-Tobias 方程和 Bancrof 经验方程的相关系数都>0.99，说明实验所选择的方程适用于 PEG/(NH₄)₂SO₄ 双水相相平衡数据的关联，可以为后续的实验内容提供理论基础。

（2）PEG/(NH₄)₂SO₄ 双水相体系萃取木瓜蛋白酶的研究

通过对各单因素的分析可知，PEG 6000 的萃取效果优于 PEG 4000 和 PEG 2000，质量百分浓度为 20%时效果最好，较高或较低都不利于木瓜蛋白酶的萃取；(NH₄)₂SO₄ 的质量百分浓度为 18%效果最好，太高或者太低都不利于木瓜蛋白酶的萃取；当体系 pH 为 7.0 时分配系数和酶活性回收率达到最大。响应面优化结果显示双水相组成为 PEG 6000 质量百分浓度 20.16%，(NH₄)₂SO₄ 质量百分浓度 18.11%，pH 7.34，酶添加量为 2 mg/g 时，分配系数和酶活性回收率可以达到最大，分配系数 K 为 2.79，回收率 Y 为 77.49%。

（3）分配模型的建立

在上述实验的基础上，分析了 PEG/(NH₄)₂SO₄ 双水相体系中各组分浓度与分配系数的相关度。对于 PEG/(NH₄)₂SO₄ 双水相体系，分配系数的对数与上下相组分的浓度差相关性较好，相关系数>0.7，可用于分配模型的建立。因此，本书针对 PEG/(NH₄)₂SO₄ 双水相体系提出了木瓜蛋白酶分配系数与双水相成相组分浓度差的经验关系式，木瓜蛋白酶分配系数的计算值与实验值之间的相对偏差小于 10% 且小于其他同类模型，PEG 4000 和 PEG 6000 分配模型的相对偏差小于 PEG 2000 分配模型的相对偏差，本书建立的模型对大分子量的 PEG 拟合效果更好。建立的分配模型还可为双水相萃取过程的设计和木瓜蛋白酶在 PEG/(NH₄)₂SO₄ 双水相体系中分配系数的工程计算提供参考。

参 考 文 献

曹对喜，杜征，韩玉婷，等，2010. 双水相萃取法提取木瓜蛋白酶的研究[J]. 农产品加工（学刊），(10)：66-69.

董安华，2015. 木瓜蛋白酶在 PEG/硫酸铵、PPG/离子液体双水相中分配行为的研究[D]. 海口：海南大学.

冯自立，马娜，2010. 无花果蛋白酶在 PEG/(NH₄)₂SO₄ 双水相体系中的分配行为[J]. 食品科学，31(19)：67-70.

韩林，张海德，李国胜，等，2010. 槟榔籽总酚提取工艺优化与抗氧化活性试验[J]. 农业机械学报，41(4)：134-139.

何继芹，2008. 亲和双水相萃取番木瓜中木瓜蛋白酶的研究[D]. 海口：海南大学.

何智妍，周毓婷，张海涛，等，2010. 金属亲和膜色谱法纯化木瓜蛋白酶条件优化[J]. 化学工程，38(1)：67-70.

乐薇，陆志强，2011. 双水相体系萃取木瓜蛋白酶的研究[J]. 化学与生物工程，28(2)：40-42.

李明亮，2011. 木瓜蛋白酶的双水相分离纯化. 原位固定化及其应用研究[D]. 上海：华东理工大学.

陆瑾，2004. 温度诱导双水相金属螯合亲和分配技术的研究[D]. 杭州：浙江大学.

罗远秀，2000. 木瓜蛋白酶活力测定方法的研究[J]. 中国药学杂志，35(8)：556-558.

孟宪军，高琨，李斌，等，2013. 响应面法优化寒富苹果真空冷冻干燥工艺[J]. 食品科学，34(10)：92-97.

聂华丽，陈天翔，朱利民，2008. 尼龙亲和膜的制备及其对木瓜蛋白酶的分离纯化研究[J]. 膜科学与技术，28(1)：16-19.

彭钦华，李总成，李以圭，1994. 蛋白质-磷酸钾-聚乙二醇双水相体系热力学研究[J]. 化工学报，45(5)：515-522.

任国梅，陈孜，1997. 高质量木瓜蛋白酶纯化工艺研制探讨[J]. 药物生物技术，4(4)：232-235.

孙晨，2011. 双水相萃取技术在食品工业中应用[J]. 粮食与油脂，(9)：6-8.

谭晶，陈季旺，夏文水，等，2007. 超滤分离具有壳聚糖酶活力的木瓜蛋白酶[J]. 食品与机械，23(6)：20-23.

万婧，2010. 番木瓜中木瓜蛋白酶的提取工艺研究[D]. 海口：海南大学.

王岸娜，孙玉丹，李龙安，等，2012. 响应面法优化猕猴桃糖蛋白提取工艺研究[J]. 河南农业科学，41(8)：121-127.

王伟涛，2014. 木瓜蛋白酶的双水相萃取研究[D]. 海口：海南大学.

王志辉，2007. 双水相体系对葛根中葛根素的萃取技术的研究[D]. 南昌：南昌大学.

许英一，徐雅琴，崔崇士，2008. 超滤澄清南瓜汁工艺的研究[J]. 东北农业大学学报，39(3)39-41.

乙引，谭爱娟，刘宁，等，2000. 木瓜蛋白酶的生产工艺研究[J]. 贵州农业科学，28(5)：24-25.

乙引，张显强，唐金刚，等，2002. 木瓜蛋白酶的纯化和性质[J]. 贵州师范大学学报（自然科学版），20(1)：11-14.

岳喜庆，鲍宏宇，于娜，等，2011. 响应面法优化卵黄蛋白质提取工艺[J]. 食品研究与开发，32(4)：48-52.

周存山，马海乐，胡文彬，2006. 条斑紫菜多糖提取工艺的优化[J]. 农业工程学报，22(9)：194-197.

Diamond A D，Hus J T，1990. Correlation of protein partitioning in aqueous polymer two-phase systems [J]. Journal of Chromatography A，513：137-143.

D'Souza F，Lali A，1999. Purification of papain by immobilized metal affinity chromatography(IMAC) on chelating carboxymethyl cellulose[J]. Biotechnology Techniques，13(1)：59- 63.

Ferreira L A，Teixeira J A，Mikheeva L M，et al.，2011. Effect of salt additives on partition of nonionic solutes in aqueous PEG-sodium sulfate two-phase system[J]. Journal of Chromatography A，1218(31)：5031-5039.

Li M，Su E，You P，et al.，2010. Purification and in situ immobilization of papain with aqueous two-phase system[J]. PloS One，5(12)：e15168.

Ling Y Q，Nie H L，Su S N，et al.，2010. Optimization of affinity partitioning conditions of papain in aqueous two-phase system using response surface methodology[J]. Separation and Purification Technology，73(3)：343-348.

Mehrnoush A，Sarker M Z I，Mustafa S，et al.，2011. Direct purification of pectinase from mango(*Mangifera indica cv. Chokanan*) peel using a PEG/salt-based aqueous two phase system[J]. Molecules，16(10)：8419-8427.

Murugesan T，Muthiah P，2005. Liquid-liquid equilibria of poly(ethylene glycol)2000+sodium citrate+water at(25，30，35，40 and 45)℃[J]. Journal of Chemical and Engineering，50(4)：1392-1395.

Rodriguez-Gonzalez V M，Femenia A，Minjares-Fuentes R，et al.，2012. Functional properties of pasteurized samples of Aloe barbadensis Miller：Optimization using response surface methodology[J]. LWT-Food Science and Technology，47(2)：225-232.

Sarangi B K，Pattanaik D P，Rathinaraj K，et al.，2011. Purification of alkaline protease from chicken intestine by aqueous two phase system of polyethylene glycol and sodium citrate[J]. Journal of Food Science and Technology，48(1)：36-44.

Zafarani-Moattar M T，Abdizadeh-Aliyar V，2014. Phase diagrams for (liquid+ liquid) and (liquid+solid) eqilibrium of aqueous two-phase system containing {polyvinyipyrrolidone 3500(PVP3500) +sodium sulfite(Na$_2$SO$_4$)+water} at different temperatures[J]. The Journal of Chemical Thermodynamics，72：125-133.

Zafarani-Moattar M M T，Sadeghi R，Hamidi A A，2004. Liquid-liquid equilibrium of an aqueous two-phase system containing polyethylene glycol and sodium citrate： experimental and correlation[J]. Fluid Phase Equilib，219(2)：149-155.

Zafarani-Moattar M M T，Emamian S，Hamzehzadeh S，2008. Effect of temperature on the phase equilibrium of the aqueous two-phase poly(propylene glycol)+tripotassium citrate system[J]. Journal of Chemical & Engineering Data，53(2)：456-461.

第3章　金属螯合亲和双水相体系中木瓜蛋白酶的萃取研究

3.1　金属螯合亲和双水相技术研究进展

3.1.1　金属螯合亲和双水相技术及其作用机制

金属螯合亲和双水相技术是亲和技术的重要分支，1989年首次由Wuenschell提出。该技术通过在成相聚合物（如PEG）上偶联金属离子，进行目标产物的亲和分配。在金属离子的亲和作用下促进目标产物在双水相体系中的分配，提高目标产物的分配选择性，该技术可直接应用于复杂体系的分离（Yan et al., 2003）。例如，在分离蛋白质的过程中，大部分的杂蛋白和细胞碎片都分配于下相或相界面上，目标蛋白则通过特异性亲和作用进入上相。因此，金属螯合亲和双水相技术可以成为一种从粗蛋白混合物中分离纯化目标蛋白的有效方法，也必将成为蛋白质分离纯化的有效手段之一。

金属螯合亲和双水相技术在分离纯化蛋白质的过程中，除蛋白质分子本身在两相之间具有分配选择性外，金属离子与蛋白质的亲和同样也起着关键作用。金属离子与蛋白质的亲和，本质上是与暴露在蛋白质表面的氨基酸残基发生作用。通常情况下，溶液中的水分子或阴离子占据着金属离子剩余空轨道上的电子供体配位点，蛋白质加入体系后，其表面的氨基酸残基也能与金属离子产生配位结合，当结合力强于阴离子或水的结合力时，蛋白质就取代它们，同时构成金属离子复合物，从而起到亲和作用。一般来说，金属离子与生物大分子的作用机制主要分为以下4类（Vijayalakshmi, 1989）。①静电作用：溶液中带正电的基团和带负电的基团的正负电荷相吸引，如含精氨酸残基的蛋白质（带正电）可与带负电的亲和成相剂结合；②配位键：蛋白质表面的氨基酸残基中，组氨酸的咪唑基、半胱氨酸的吲哚基、色氨酸的巯基及谷氨酸的羧基，都是以配位键与过渡金属离子Cu^{2+}、Fe^{3+}、Zn^{2+}、Ni^{2+}结合；③共价键：蛋白质含硫氨基酸残基（如甲硫氨酸）与金属离子结合形成共价键；④π-键：由于含苯环氨基酸具有大π键，可以成为电子供体，带正电或带部分正电的亲电性质点（分子或离子）会对其进行攻击结合，

生成 π-络合物。诸多对金属离子与蛋白质和氨基酸作用机制的研究资料表明：静电作用、配位键、共价键及 π-键的作用，导致不同种类氨基酸与金属亲和配基的结合能力不同，各作用力协同的综合作用形成了聚合物-亲和配基-蛋白质螯合物。

3.1.2　金属螯合亲和成相剂制备研究进展

金属螯合亲和成相剂的制备一般分三步完成（孙彦，2013）：①活化聚合物羟基；②偶联螯合剂；③螯合金属离子。

基质的活化是聚合物偶联配基的前提，而且活化质量的好坏既会影响偶联配基的数量也会影响配基与聚合物结合的稳定性，因此选择合适的活化试剂和优化活化方法尤为重要（杨青等，1998）。选择活化剂首先要考虑的是活化基团的种类及螯合剂连接基团的种类，以保证活化后的基团能与螯合剂进行稳定螯合；其次是考虑成键的稳定性和活化剂酸碱耐受性；最后考虑方法的可操作性、试剂毒性及经济性。活化羟基（—OH）的方法主要有以下两种。

①环氧氯丙烷法。对于多羟基类介质（如 PEG、壳聚糖、纤维素膜）环氧氯丙烷法具有较为普遍的应用，其优点是羟基活化率较高、配基偶联牢固、试剂购买方便且价格经济（李美等，2007）。其活化 PEG 机制如下：

$$PEG{-}OH+ClH_2C{-}CH{-}CH_2 \xrightarrow{BF_3} PEG{-}O{-}CH_2{-}CH{-}CH_2Cl \xrightarrow{NaOH}$$

$$PEG{-}O{-}CH_2{-}CH{-}CH_2$$

该法在加入 NaOH 溶液后，易发生水解和交联等副反应，生成的 PEG-环氧能继续与 PEG 上的羟基反应，形成交联产物，这是反应所不期望的，因此要准确把握活化过程的反应时间和试剂添加量。文禹撷等（2003）在 Lin 等（2000）探索的 PEG 活化方法的基础上进一步优化得到的 PEG 4000 最佳活化条件为：PEG 4000 在苯中溶解后加入 2.5 倍摩尔比的环氧氯丙烷，催化剂 BF$_3$ 添加量为 0.5%（质量百分浓度）反应时间为 20 h，2 mol/L NaOH 溶液添加量为 2.5%（体积百分浓度），反应时间 5 h，在此条件下得到环氧基密度可达 0.98 mol 环氧基/mol PEG。

②二氯亚砜法。二氯亚砜法也是一种使用较多的羟基活化方法，活化机制如下：

$$HO{-}PEG{-}OH+2SOCl_2 \xrightarrow{k_1} SOCl{-}PEG{-}SOCl+2HCl$$

$$SOCl{-}PEG{-}SOCl \xrightarrow{k_2} Cl{-}PEG{-}Cl+2SO_2$$

此反应需要在较高温度下（65℃左右）进行，但在较短时间（5 h 左右）内就能完成 PEG 的活化。由于二氯亚砜的强水解性，要求整个反应体系完全无水，这给实验操作带来了困难。陆瑾等（2004a）采用二氯亚砜法优化活化 PEG 的方法，在体系反应中引入三乙胺，使反应过程成为有利的热力学过程，既减少了活化剂的用量，又使操作工艺简单化。陆瑾等（2004a）还研究了反应过程中温度、时间、二氯亚砜和三乙胺加入量等因素对活化效果的影响，得到了氯取代度为 1.54 mol 环氧基/mol PEG 的高活化度介质。

偶联螯合剂过程中最为关键的两步，一是选择合适的螯合剂，二是优化偶联条件。螯合剂的选择主要考虑的是螯合剂的配位原子数，配位原子数越多越有利于形成稳定的螯合物（Ramirez-Vick et al.，1996）。对于过渡金属离子，三羧甲基乙二胺（TED）、次氮基三乙酸（NTA）等皆为常用的螯合剂，但使用最多的还是亚氨基二乙酸（IDA），此类型螯合剂的共同特点是：分子的配位原子数大于或等于 3，结构中含有的 N、O 原子可提供孤电子对，与金属离子相互作用，形成多配位基金属螯合物。

金属离子与螯合剂的螯合条件简单，反应易于进行，但选择配位数较多的金属离子也是很有必要的，配位数会影响金属离子与螯合剂及生物分子的结合。一方面，配位点要供给螯合剂形成结构稳定的螯合物，另一方面又要结合目标物质（Barbosa et al.，2010）。表 3-1 为部分常见金属离子的配位数，由表可知过渡金属离子配位数一般较多，这也是他们经常被用作亲和金属离子的原因之一。

表 3-1　部分金属离子配位数表

金属离子	Ca^{2+}	Mg^{2+}	Fe^{3+}	Cu^{2+}	Zn^{2+}	Ni^{2+}	Ag^+	Hg^{2+}
配位数	6, >6	6	6	6, 4	4	6, 4	2, 3, 4	4

3.1.3　金属螯合亲和双水相技术的应用

在亲和双水相分离纯化物质的过程中，由于亲和配基的引入，大大提高了那些能与亲和配基产生亲和作用物质的分配选择性，因此，被广泛应用于蛋白质的分离。

谭天伟等（1996）研究了 PEG 2000-IDA-Cu^{2+} 的合成方法，并研究了添加 PEG 2000-IDA-Cu^{2+} 的 PEG 4000/Na_2SO_4 亲和双水相体系中超氧化物歧化酶（SOD）的分配行为，并建立了酶亲和分配模型。文禹撷等（2004）采用 PEG-IDA-Cu^{2+}/PEG/羟丙基淀粉（PES）体系分配豆壳过氧化物酶，研究了亲和配基添加量、PEG 分子量、系统组分浓度及 pH 等对过氧化物酶分配行为的影响，得到最佳分离条件为：PEG 2000 质量百分浓度 9%，PES 质量百分浓度 14%，PEG-IDA-Cu^{2+} 质量百分浓度 1%，此条件下，酶的分配系数达 40，纯化了 2.8 倍，酶活性回收率高达 93%。陆瑾等（2004b）探讨了纳豆激酶在 PEG-IDA-Cu^{2+}/PEG/PES 体系中的分配行为，指出 pH 和亲和配基浓度对纳豆激酶分配的影响最大。

国外对亲和双水相萃取蛋白质的研究相对较多。Plunkett 等（1990）将 PEG-IDA-Cu^{2+} 添加到 PEG/Na_2SO_4 的亲和双水相体系中分离人体血红蛋白和血清蛋白，结果采用亲和分离这一简单步骤几乎完全将人体血清蛋白和血红蛋白分离开来，并由此指出亲和双水相技术是一种有吸引力的、经济的分离技术。同年，Wuenschell 等（1990）将 PEG-IDA-Cu^{2+} 代替 PEG/葡聚糖双水相体系中的部分 PEG 分离纯化血红蛋白，结果表明：当体系中 PEG 8000 质量百分浓度为 7%（其中 0.07% 用 PEG-IDA-Cu^{2+} 代替）、葡聚糖质量百分浓度为 4.4%、NaCl 浓度为 0.1mol/L、磷酸钠浓度为 0.1mol/L、pH 为 7.0、蛋白质添加量为 1.0 mg 时，人体血红蛋白分配系数由 0.35 提高到 3.4。da Silva 等（2000）对金属螯合亲和双水相萃取大豆过氧化物酶进行了研究，并开发出了两步法萃取过氧化物酶的工艺，经两步萃取后酶活性回收率仍有 64%。Lu 等（2006）研究了结合不同金属离子的温度诱导型亲和双水相中纳豆激酶的分配系数，结果表明 Cu^{2+} 作为亲和配基对纳豆激酶的亲和力大于 Ni^{2+}。Barbosa 等（2010）考察了亲和配基添加到 PEG 600/DEX 双水相中质粒 DNA 的分配情况，结果在第一步萃取中就有 72% 的质粒 DNA 分配于上相，且没有 RNA 和染色体 DNA 的污染。虽然对金属螯合亲和双水相的研究在不断地深入，但是仍有一些技术问题有待解决，如高取代度亲和配基的稳定制备及回收，防止金属离子亲和配基的泄漏等。

3.2　聚乙二醇-金属螯合亲和成相剂制备

3.2.1　聚乙二醇的环氧活化

称取 20 g PEG 4000 溶于 100 ml 纯苯中，边搅拌边缓慢滴加适量的环氧氯丙烷（ECH）和三氟化硼乙醚溶液（含三氟化硼 50%），并将反应液密封，室温下静置反应 25 h。搅拌反应液，慢慢滴加适量质量百分浓度为 40% 的 NaOH 溶液，室温反应 10 h。反应后取上清液，用无水乙醚沉淀，6℃冰箱冷藏以加速沉淀 PEG-环氧，抽滤，旋蒸干燥；二次苯溶解，无水乙醚沉淀，抽滤，干燥得到最终产品（PEG-环氧）。活化阶段主要研究了 PEG 与 ECH 摩尔比、三氟化硼乙醚添加量和反应时间、NaOH 用量和反应时间对活化效果的影响。

3.2.2　亚氨基二乙酸的偶联

在 100 ml 2 mol/L 的 Na_2CO_3 溶液中，溶解 PEG-环氧，加入摩尔数为 PEG-环

氧 20 倍的亚氨基二乙酸，在 65℃ 环境中振荡反应 24 h。经一段时间冷却，采用氯仿萃取两次，合并萃取氯仿，过无水 Na₂SO₄ 脱水，旋转蒸发干燥，加入无水乙醚，冷藏于 6℃ 进行沉淀。待沉淀后再次旋转蒸发干燥获得 PEG-IDA。此阶段主要分析亚氨基二乙酸与 PEG-环氧反应过程中，时间和温度对偶联亚氨基二乙酸含量的影响。

3.2.3　金属离子螯合

将一定量含金属离子的盐，溶于 100 ml 50 mmol/L 的乙酸钠溶液中，调节 pH 使金属离子完全溶于乙酸钠溶液中，加入 PEG-IDA。在室温下振荡 5 h 后，采用氯仿萃取两次，合并萃取氯仿，旋转蒸发干燥，加无水乙醚沉淀，6℃ 下冷藏，完全沉淀后旋转蒸发干燥获得产品。此实验阶段考察了不同金属离子与 PEG-IDA 的螯合度。

PEG-环氧含量的测定采用 Sundberg 方法（Sundberg et al., 1974）。PEG 的环氧基团可与硫代硫酸钠发生如下反应：

$$-\overset{|}{\underset{\diagup O \diagdown}{CH}-CH_2}+2Na^++S_2O_3^{2-}+H_2O \longrightarrow -\overset{|}{\underset{OH}{CH}}-CH_2-S_2O_3^{2-}+2Na^++OH^-$$

用标准盐酸溶液滴定反应生成的 OH⁻，就可求出环氧基团的含量。

样品中所含 PEG-环氧的含量为

$$\text{PEG-环氧(mmol/L)} = \frac{(V-V_0)\times C\times 10^{-3}\times M}{W} \qquad (3\text{-}1)$$

式中，V 为滴定试样溶液所消耗的标准盐酸溶液的体积（ml）；V_0 为空白滴定所消耗的标准盐酸溶液的体积（ml）；C 为标准盐酸溶液的当量浓度；W 为 PEG-环氧的质量；M 为 PEG 分子量。

3.2.4　PEG与ECH摩尔比对PEG-环氧得率的影响

PEG 活化第一步是 ECH 在三氟化硼的催化下，环氧键断裂，与 PEG 上的羟基反应制得氯代 PEG。反应过程中，ECH 与 PEG 的摩尔比是决定 PEG-环氧活化程度的决定性因素。参考文禹撷等（2003）的方法，先固定催化剂三氟化硼乙醚用量 0.6 ml/100 ml，反应时间 25 h；40% NaOH 溶液量 3 ml/100 ml，反应时间 10 h。考察不同 PEG 与 ECH 摩尔比（1∶1.5、1∶2.5、1∶3.5、1∶4.5）对 PEG-环氧得率的影响，其中 PEG-环氧含量按 3.2.3 的方法进行测定。

　　如图 3-1 所示，随着 ECH 与 PEG 的摩尔比的增大，PEG-环氧得率基本呈线性上升趋势，当 PEG 与 ECH 摩尔比为 1：1.5 时，PEG-环氧得率为 0.65 mol/mol 左右，当 PEG 与 ECH 摩尔比变为 1：3.5 时，PEG-环氧得率可达 1.08 mol/mol。当 PEG 与 ECH 摩尔比变为 1：4.5 后，PEG-环氧得率增加并不明显，且在反应过程中容器内壁出现黑点。这主要是由于高浓度 ECH 会使部分 PEG 发生脱水反应。因此，选择 PEG 与 ECH 的摩尔比为 1：3.5 时，即可达到最佳环氧化效果。

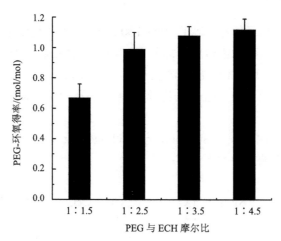

图 3-1　不同 PEG 与 ECH 摩尔比对 PEG-环氧得率的影响

3.2.5　BF$_3$添加量及反应时间对PEG-环氧得率的影响

　　BF$_3$ 作为活化反应的催化剂，为 ECH 的环氧键断裂提供了酸性环境，使断裂的环氧键与 PEG 上的羟基发生反应。BF$_3$ 添加量及反应时间变化是 PEG 活化第一步的关键因素。固定 PEG 与 ECH 的摩尔比为 1：3.5，40% NaOH 溶液加入量为 3 ml/100ml，反应时间 10 h，分析不同 BF$_3$ 体积百分浓度和催化反应时间对 PEG-环氧得率的影响。

　　结果如图 3-2 所示，随反应时间的增加，在不同 BF$_3$ 催化浓度条件下，PEG环氧得率逐渐增加；不同催化剂浓度条件下活化反应初速度不同，催化剂浓度较低时，催化反应所需时间较长。当 BF$_3$ 添加量为 0.6%时反应速度最快，并在 25 h 左右 PEG-环氧得率最大；继续反应，PEG-环氧得率又迅速降低。这是由于 BF$_3$ 是一种很强的路易斯酸，随着反应时间的延长，反应生成的氯代 PEG 会发生脱水、交联等副反应；而高度活性的 ECH 在酸性环境中，易被酸催化开裂，使得 PEG-环氧得率迅速下降，这与陆瑾（2004）在活化制备 PEG-IDA-Cu^{2+}过程中所得出的结论基本一致。

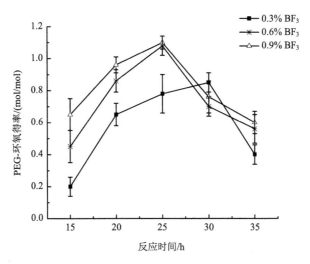

图 3-2　PEG 与 ECH 摩尔比为 1∶3.5 时不同 BF₃ 体积百分浓度下反应时间对 PEG-环氧得率的影响

3.2.6　NaOH溶液添加量和反应时间对PEG-环氧得率的影响

　　PEG 活化反应的第二步是 NaOH 与第一步反应生成的氯代 PEG 反应，生成 PEG-环氧，加入的 NaOH 溶液的量及氯代 PEG 与 NaOH 的反应时间是影响 PEG-环氧生成的主要因素。固定 PEG 与 ECH 摩尔比为 1∶3.5，催化剂 BF₃ 用量为 0.6%（体积百分浓度），反应时间为 25 h，分析 40% NaOH 溶液添加量（体积百分浓度）及反应时间对 PEG-环氧得率的影响。

　　如图 3-3 所示：在不同 NaOH 溶液添加量条件下，PEG-环氧得率随反应时间

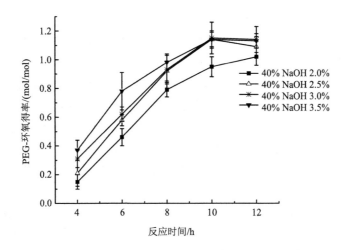

图 3-3　不同 NaOH 溶液添加量下反应时间对 PEG-环氧得率的影响

的延长而增加，在 10 h 左右达到最大值。NaOH 溶液添加量增大，氯代 PEG 与 NaOH 反应的速度加快，同时 PEG-环氧得率也有所提高，40% NaOH 溶液最适添加量在 2.5%（体积百分浓度）左右，继续增大 NaOH 用量对提高 PEG-环氧得率效果并不明显。由此可见，NaOH 加入的主要作用在于中和第一阶段反应中生成的酸，并提供碱性环境，使得氯代 PEG 生成环氧化 PEG。实验过程中，NaOH 的用量太低不利于环氧键的生成，存在最适 NaOH 用量，环氧基取代度达到最高。

3.2.7　反应时间对IDA螯合率的影响

原子吸收光谱法因具有选择性好、灵敏度高、分析范围广等优点而被广泛应用于各领域中金属离子含量的测定（李丽，2010）。本小节采用 TSA-900 原子吸收光谱仪对螯合了不同种类的金属离子的亲和成相剂（PEG-IDA-Metal）按实验条件进行稀释后，上样进行检测，计算 PEG 上不同金属离子的螯合率。不同金属离子检测参数如表 3-2 所示。

表 3-2　不同金属离子原子吸收光谱分析参数

金属离子	仪器工作条件						
	波长 /nm	光谱带宽 /nm	灯电流 /mA	滤波系数	燃烧器高度 /mm	空气流量 /(L/min)	乙炔流量 /(L/min)
Cu^{2+}	324.7	0.4	3.0	0.6	5	6.6	1.5
Fe^{3+}	248.3	0.2	4.0	0.6	10	10.1	2.3
Zn^{2+}	213.9	0.4	3.0	1.0	6	5.7	1.3
Ni^{2+}	232.0	0.4	3.0	0.3	7.5	9.5	1.3
Ca^{2+}	422.7	0.4	3.0	0.6	6	8.8	2.0
Mg^{2+}	285.2	0.4	2.0	0.6	6	6.6	1.5

IDA 作为一种理想的螯合剂，在 PEG-环氧上的结合量直接关系到金属离子的螯合率，且其与金属离子螯合容易，螯合率基本固定，过程条件简单。然而 IDA 螯合率的测定，因其分子中含有 N 元素而一般采用凯氏定氮法，过程比较繁琐且耗时较长。采用间接测定法，将螯合得到的 PEG-IDA 进一步与金属离子反应，通过原子吸收光谱法测定 IDA 螯合的 Cu^{2+} 量，间接地观察 IDA 在 PEG-IDA 上的结合量。PEG-环氧结合 IDA 的过程中 IDA 的用量、反应时间和温度对 IDA 的螯合率有很大的影响，将活化得到的两种 PEG-环氧，其环氧得率分别为：1.14 mol 环氧基/mol PEG 和 0.58 mol 环氧基/mol PEG，在 70℃下与 20 倍摩尔比的 IDA 进行反应，分析反应时间对 IDA 螯合率的影响。

活化得到的两种 PEG-环氧，在 70℃下与 20 倍摩尔比 IDA 进行反应，以 Cu^{2+} 螯合量为指标，分析反应时间对 IDA 螯合率的影响，结果见图 3-4：两种 PEG-环氧，Cu^{2+} 螯合率随反应时间成线性增加，到 24 h 后螯合率不再增加。表明，PEG-环氧与

IDA 螯合率随时间的增加而增加，反应时间为 24 h 时达到最佳，超过 24 h 后 IDA 螯合率略有下降，这可能是在 70℃条件下，反应生成的 PEG-IDA 与其他物质反应造成其含量的降低，因此反应时间，选择 24 h 为最佳。

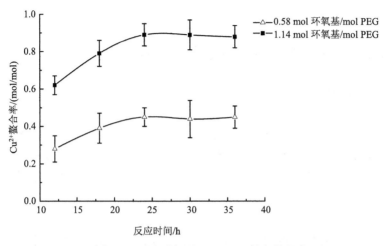

图 3-4　反应时间对 PEG-IDA 得率的影响

3.2.8　反应温度对 IDA 螯合率的影响

将活化得到的环氧量为 1.14 mol 环氧基/mol PEG 的 PEG-环氧，取等量 6 份，分别在 30～75℃条件下与 20 倍 IDA 反应 24 h，反应完成后，萃取得 PEG-IDA，与硫酸铜反应后通过测 Cu^{2+} 螯合率来间接考察反应温度对 IDA 螯合率的影响。结果如图 3-5 所示，在温度为 60℃条件下反应所得 PEG-IDA 结合的 Cu^{2+} 最多，表明：

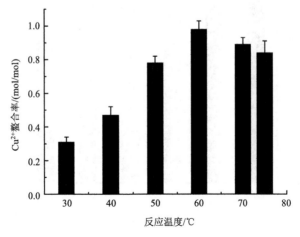

图 3-5　反应温度对 PEG-IDA 得率的影响

PEG-环氧与 IDA 的最佳反应温度为 60℃。由上述优化实验得出,最佳的 PEG 活化条件为: PEG 与 ECH 摩尔比为 1∶3.5,常温,催化剂 BF_3 体积百分浓度 0.60%,反应 25 h;40% NaOH 添加量 2.5%(体积百分浓度),反应 10 h。偶联 IDA 最佳条件为:将一定量的 PEG-环氧溶解在 2 mol/L 的 Na_2CO_3 溶液后,加入 20 倍摩尔比的 IDA,在 60℃条件下振荡反应 24 h。

3.2.9　金属离子种类对PEG-IDA螯合金属离子的影响

金属离子与 IDA 的螯合比较容易进行,反应条件简单,故在此不进行螯合条件的优化,仅比较不同金属离子与 PEG-IDA 的结合情况。分别取 6 份 100 ml 50 mmol/L 的乙酸钠溶液于具塞三角瓶中,加入等物质量的不同金属离子盐,调节 pH 使金属离子完全溶解。将制备得到的 PEG-IDA 分成等量的 6 份,分别加入具塞三角瓶中常温振荡反应 4 h,用氯仿萃取两次,合并氯仿相旋转蒸发干燥,用无水乙醚沉淀,得到螯合不同金属离子的亲和成相剂,分析金属离子种类对螯合率的影响。

将同一条件下制得的 PEG-IDA 分成等量的 6 份,分别与等物质量的不同种类金属离子溶液常温振荡反应 4 h,萃取,无水乙醚沉淀,得到螯合不同金属离子的亲和成相剂,其金属离子螯合率见图 3-6,Ca^{2+} 和过渡金属离子 Cu^{2+}、Ni^{2+}、Fe^{3+}、Zn^{2+} 与 PEG-IDA 的螯合率基本一致,能达到 0.97 mol/mol;Mg^{2+} 与 PEG-IDA 螯合率略低于过渡金属离子。IDA 通过三个配位键与金属离子结合,生成五元环或六元环状结构,此种类型的结构稳定性优于一般的络合物,且结合过程易于发生。因此只要能制备出一定取代度的 PEG-IDA,就能制得相应取代度的 PEG-IDA-Metal。

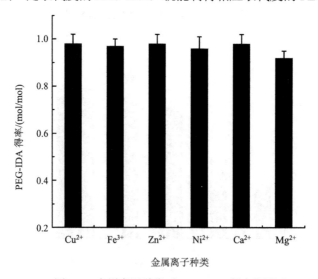

图 3-6　金属离子种类对 PEG-IDA 得率的影响

3.3　基于木瓜蛋白酶的金属螯合亲和
双水相体系的建立

3.3.1　双水相相图的制备

将 PEG、PEG-IDA-Fe^{3+} 和 $(NH_4)_2SO_4$ 配成 50% 的原液，准确称量一定质量的 PEG 原液于 50 ml 小烧杯中，置于磁力搅拌器上，一边搅拌一边滴加 $(NH_4)_2SO_4$ 原液，至混合液出现混浊，加入一定量的蒸馏水，使体系澄清后，继续滴加 $(NH_4)_2SO_4$ 原液，使体系再次变混浊，然后再加蒸馏水，如此反复操作多次，分别记录每次加入的 $(NH_4)_2SO_4$ 及蒸馏水的质量，计算体系达到浑浊时 PEG 和 $(NH_4)_2SO_4$ 在体系中的质量百分浓度，绘制 PEG/$(NH_4)_2SO_4$ 双水相体系相图。

3.3.2　$(NH_4)_2SO_4$ 质量百分浓度的测定

双水相中上下相 $(NH_4)_2SO_4$ 质量百分浓度可用甲醛滴定法确定（陆瑾，2004）。$(NH_4)_2SO_4$ 和过量的甲醛溶液反应生成六次甲基四胺，同时 1∶1 生成硫酸，以酚酞为指示剂，用 NaOH 标准溶液对生成的酸进行滴定。上下相中 $(NH_4)_2SO_4$ 的质量百分浓度计算式如下：

$$(NH_4)_2SO_4(\%) = \frac{V \times C \times 10^{-3} \times M}{2W} \times 100\% \qquad (3\text{-}2)$$

式中，V 为样品滴定消耗 NaOH 标准溶液的体积（ml）；C 为 NaOH 标准溶液浓度（mol/L）；M 为 $(NH_4)_2SO_4$ 分子量；W 为样品质量（g）。

3.3.3　PEG 质量百分浓度的测定

双水相中上下相 PEG 的质量百分浓度由所测上下相的折射率来确定（Cheluget et al.，1994；Zafarani-Moattar et al.，2004）。折射率 n 与 PEG 质量百分浓度 W_P、$(NH_4)_2SO_4$ 质量百分浓度 W_S，存在如下关系：

$$n = a_0 + a_1 W_P + a_2 W_S \qquad (3\text{-}3)$$

式（3-3）中的方程参数见表 3-3。

表 3-3　PEG/$(NH_4)_2SO_4$ 双水相方程（3-3）中的参数

a_0	a_1	a_2
1.333	PEG 4000，1.50×10^{-3} PEG-IDA-Fe^{3+}，1.50×10^{-3}	$(NH_4)_2SO_4$，1.48×10^{-3}

3.3.4 PEG-IDA-Fe^{3+}和PEG 4000相图的比较

综合文献报道（文禹撷等，2004；陆瑾，2004b），选择 10%的 PEG 被 PEG-IDA-Fe^{3+}取代，绘制双节线图。如图 3-7 所示：亲和成相剂加入后，上下两相间的差异变大，相图不对称性增强。这是因为 PEG 螯合金属离子后，分子上的极性基团（羟基）被部分取代，导致 PEG 分子极性程度减弱，PEG 溶液和$(NH_4)_2SO_4$溶液之间的疏水性差别增大，造成更强的分相推动力，导致双节线与原相图曲线有所不同。但是亲和成相剂的加入，对该体系相图的双节线的影响不大，相图的构建，为双水相体系成相剂浓度的选择提供了依据。

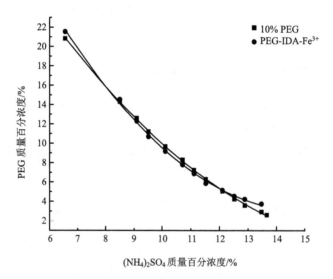

图 3-7　10% PEG 被 PEG-IDA-Fe^{3+}取代的 PEG/ $(NH_4)_2SO_4$ 双水相体系相图

3.3.5 木瓜蛋白酶活性测定方法

木瓜蛋白酶活力单位定义为：在实验条件下每分钟水解酪蛋白产生的可溶于三氯乙酸的物质在 275 nm 处的吸光度相当于浓度为 1 μg/ml 酪氨酸吸光度时所需酶量（张兴灿等，2011）。

配制 100 μg/ml 酪氨酸原液，按表 3-4 所示进行稀释，在 275 nm 处测定吸光度。以吸光度为纵坐标，酪氨酸浓度为横坐标，绘制标准曲线。再以酪蛋白为底物，测木瓜蛋白酶在 10 min 内水解产生的酪氨酸在 275 nm 处的吸光度，计算双水相中木瓜蛋白酶的酶活性浓度。

表 3-4　酪氨酸标准溶液

试管号	0	1	2	3	4	5	6	7	8
酪氨酸原液/ml	0	1.0	2.0	3.0	4.0	5.0	6.0	7.0	8.0
加水体积/ml	10.0	9.0	8.0	7.0	6.0	5.0	4.0	3.0	2.0
酪氨酸浓度/(μg/ml)	0	10.0	20.0	30.0	40.0	50.0	60.0	70.0	80.0

为测定木瓜蛋白酶活性，制作了酪氨酸吸光度标准曲线，如图 3-8 所示：$y=0.0073x + 0.0006$，$R^2=0.9991$，符合实验要求。

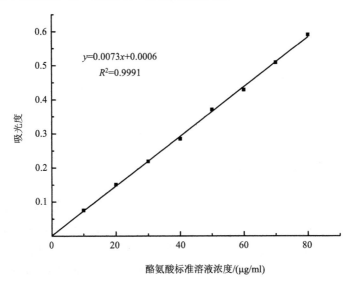

图 3-8　酪氨酸吸光度标准曲线

蛋白质浓度测定采用考马斯亮蓝（Bradford）法（Blanco-Gomis et al., 2009），以牛血清蛋白为基准蛋白。配制 100 μg/ml 蛋白质原液，按表 3-5 稀释，在 595 nm 处测吸光度，以纵坐标为吸光度，横坐标为蛋白质浓度，绘制标准曲线。于双水相中，蛋白质浓度按一定倍数稀释后测吸光度。

表 3-5　牛血清蛋白标准溶液

试管号	0	1	2	3	4	5
蛋白质原液/ml	0	0.5	1.0	2.0	3.0	4.0
加水体积/ml	5	4.5	4.0	3.0	2.0	1.0
蛋白质浓度/(μg/ml)	0	10.0	20.0	40.0	60.0	80.0

牛血清蛋白标准曲线如图 3-9 所示：$y=0.0076x + 0.0178$，$R^2=0.9968$，符合实验要求。

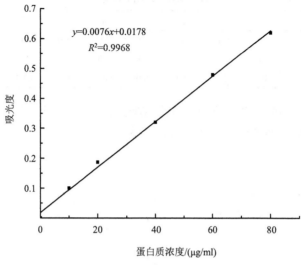

图 3-9　牛血清蛋白标准曲线

3.3.6　pH对木瓜蛋白酶活性的影响

　　室温下制备不同 pH 的酶溶液，测定酶活性。由图 3-10 可知，pH 增大的过程中，木瓜蛋白酶的活性先增大后减小，在 pH 7.0 时达到最大，为 3478 U/mg，在 pH 4.0 时最小，为 3168 U/mg。结果表明：酸性或碱性环境会对酶活性造成影响，但影响较小，pH 在 4.0～9.0 跨度内酶活性仅变化 310 U。可知木瓜蛋白酶具有良好的耐酸碱性质，有较宽的 pH 适应性（Li et al.，2010）。所以，萃取木瓜蛋白酶的双水相体系 pH 可尽量选择在中性附近。

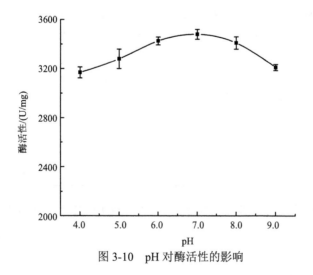

图 3-10　pH 对酶活性的影响

3.3.7　PEG和(NH₄)₂SO₄对木瓜蛋白酶活性的影响

制备质量百分浓度分别为 5%、10%、15%、20%、25%的 PEG 和$(NH_4)_2SO_4$ 溶液，各取 9 ml 加入 1 ml 酶含量为 10 mg/ml 的酶液，涡旋混合后静置 45 min。取 0.25 ml 稀释 40 倍后，测定木瓜蛋白酶的活性，对照组中不同质量百分浓度溶液用水代替。

酶活性比 $X(\%)$ =成相剂存在时酶活性/对照组酶活性×100%

如图 3-11 所示，PEG 对酶活性几乎没有影响，高浓度的$(NH_4)_2SO_4$会对酶活性产生一定抑制，这种抑制一般是可逆的。在实验过程中$(NH_4)_2SO_4$浓度不会超过 22%，因此由各组分形成的双水相体系，不会对酶活性造成太大影响。表明：由 PEG 和$(NH_4)_2SO_4$构建的双水相体系为木瓜蛋白酶友好型系统，对酶活性影响较小。

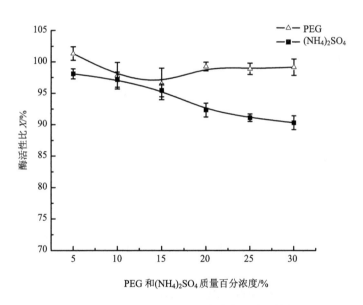

图 3-11　PEG 和$(NH_4)_2SO_4$质量百分浓度对酶活性的影响

3.3.8　金属螯合亲和成相剂对木瓜蛋白酶活性的影响

将不同金属离子亲和成相剂，制备成质量百分浓度分别为 1%、3%、5%、7%、9%的溶液，各取 9 ml 加入 1 ml 酶含量为 10 mg/ml 的酶液，涡旋混合后静置 45 min。取 0.25 ml 稀释 40 倍后，测定木瓜蛋白酶的活性，对照组中不同质量百分浓度溶液用水代替。

　　如图 3-12 所示：PEG-IDA-Cu^{2+}会对木瓜蛋白酶活性产生较强的抑制作用，当其添加量达到 9%时，木瓜蛋白酶活性只有对照组的 50%左右，这可能是因为 Cu^{2+}抢占了木瓜蛋白酶活性位点，使其水解酪蛋白能力降低；因此在亲和成相剂的选择上可以对 PEG-IDA-Cu^{2+}不作过多考虑。其他各金属离子亲和成相剂在所选浓度范围内对木瓜蛋白酶活性具有微弱的抑制作用，但影响不大。

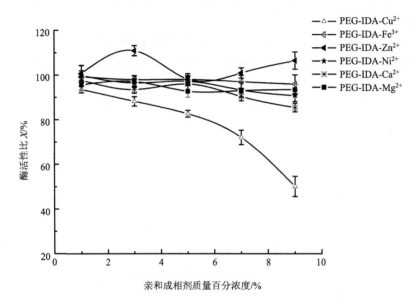

图 3-12　亲和成相剂对木瓜蛋白酶活性的影响

3.4　木瓜蛋白酶在金属螯合亲和双水相体系中的分配行为

　　制备固定质量百分浓度的 PEG 和(NH$_4$)$_2$SO$_4$ 原液，以及螯合不同金属离子的 6 种亲和成相剂原液，调节至实验所需 pH。根据不同的双水相体系，计算加入体系中 PEG 和(NH$_4$)$_2$SO$_4$ 原液及亲和成相剂原液的量，加入 2 ml 酶含量为 10 mg/ml 的酶溶液，然后加蒸馏水至 20.0 g，常温下振荡 30 min 后，静置 45 min，使分相清晰。读取上下相体积，分别取一定体积的上下相，稀释后测定其酶活性和蛋白质含量。计算上下相蛋白质分配系数 K 和酶活性回收率 Y。计算式如下：

$$K=上相蛋白质浓度/下相蛋白质浓度$$
$$Y（\%）=（上相酶活性浓度×上相体积）/加入系统酶活性总量×100\%$$

3.4.1　$(NH_4)_2SO_4$质量百分浓度对木瓜蛋白酶分配行为的影响

固定双水相体系中 PEG 的质量百分浓度为 20.0%，pH 为 7.0，酶添加量为 1.0 mg/g，分析 $(NH_4)_2SO_4$ 质量百分浓度对木瓜蛋白酶分配行为的影响。

在传统双水相体系中，以酶活性回收率 Y 和上下相蛋白质分配系数 K 为指标，分析$(NH_4)_2SO_4$ 质量百分浓度对酶分配行为的影响，结果如图 3-13 所示：Y 和 K 随着$(NH_4)_2SO_4$ 质量百分浓度的增加而迅速增大，在 21%时达到最大后又迅速减小，因此，选择$(NH_4)_2SO_4$ 质量百分浓度为 21%较佳。这是由于在双水相萃取过程中，盐析作用也是使木瓜蛋白酶趋于上相的重要原因之一；但随着盐浓度的增大，一方面对酶活性产生了一定抑制，另一方面盐含量的增加也使相比减小，使上相酶含量降低。

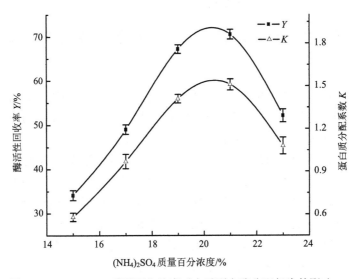

图 3-13　$(NH_4)_2SO_4$质量百分浓度对木瓜蛋白酶分配行为的影响

3.4.2　PEG 4000质量百分浓度对木瓜蛋白酶分配行为的影响

固定双水相体系中$(NH_4)_2SO_4$ 的质量百分浓度为 21.0%，pH 7.0，酶添加量 1.0 mg/g，分析不同质量百分浓度 PEG 4000 对木瓜蛋白酶分配行为的影响。

PEG 4000 质量百分浓度影响结果如图 3-14 所示：Y 和 K 随着 PEG 4000 质量百分浓度的增大而增大，在质量百分浓度为 19%时达到最大而后又随之减小。这是由于 PEG 质量百分浓度增大，系线长度增加，体系两相性质差别增大，木瓜蛋白酶被萃取到上相；质量百分浓度继续增大则会使上相黏度增加，酶分子与 PEG 在两相界面形成一层乳状膜，使酶向上相转移困难而集中在两相之间。

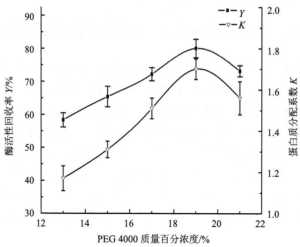

图 3-14　PEG 4000 质量百分浓度对木瓜蛋白酶分配行为的影响

3.4.3　不同金属螯合亲和成相剂取代PEG的量对木瓜蛋白酶分配行为的影响

通过上述实验,确定传统双水相中$(NH_4)_2SO_4$和 PEG 4000 的最佳萃取浓度后,分别用不同金属螯合亲和成相剂取代原双水相中的部分 PEG 4000,以分析不同金属螯合亲和成相剂的取代量对木瓜蛋白酶分配行为的影响。

固定传统双水相中$(NH_4)_2SO_4$ 和 PEG 质量百分浓度分别为 21%和 19%,pH 7.0,酶添加量 1mg/g,用不同金属螯合亲和成相剂取代双水相中的部分 PEG,考察不同亲和成相剂对木瓜蛋白酶的亲和能力。只有不同亲和成相剂中金属离子螯合率基本一致,才在同一水平内比较金属离子的亲和能力,因此以体系中金属亲和成相剂取代 PEG 的质量百分浓度为变量,分析不同金属螯合亲和成相剂对木瓜蛋白酶分配行为的影响,结果如图 3-15 所示。

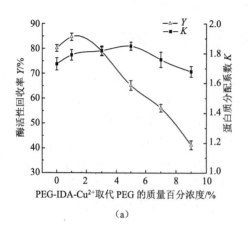

(a)

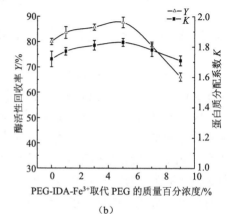

(b)

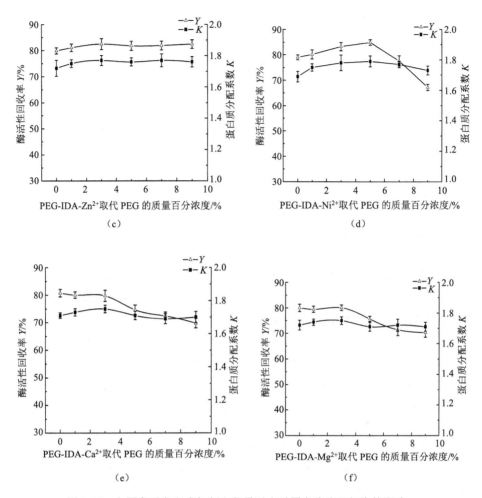

图 3-15　金属离子亲和成相剂取代量对木瓜蛋白酶分配行为的影响

由图 3-15(a～b)得出：采用 PEG-IDA-Cu^{2+}和 PEG-IDA-Fe^{3+}代替部分原双水相中的 PEG 能有效地提高酶在上相的浓度，当亲和双水相体系中 PEG-IDA-Cu^{2+}和 PEG-IDA-Fe^{3+}质量百分浓度在 3%～5%时有较好的效果，蛋白质分配系数由 1.72 提高到 1.84 左右。随着 PEG-IDA-Cu^{2+}取代度的增大会显著影响木瓜蛋白酶活性，当 PEG-IDA-Cu^{2+}质量百分浓度达到 1%时其上相酶活性回收率由原来的 80.16% 上升到 84.26%，当 PEG-IDA-Cu^{2+}质量百分浓度继续增加到 5%时其上相酶活性回收率由原来的 84.26%下降到 65.23%；PEG-IDA-Fe^{3+}质量百分浓度达到 5%时其上相酶活性回收率由原来的 80.16%上升到 87.67 %。可综合图 3-15(a～b)得出如下结论：由 PEG-IDA-Cu^{2+}构成的亲和双水相能提高木瓜蛋白酶在双水相体系中的分配效果，但同时 Cu^{2+}对木瓜蛋白酶活性的抑制作用明显，使其的酶活性在上相中提高并不十分明显；由 PEG-IDA-Fe^{3+} 构成的亲和双水相能显著地提高酶在上相的酶活性回收率和浓度，亲和效果明显。这是因为过渡金属离子与蛋白质分子表面的氨基酸残基产生配位结合、π 键、静电力作用，因此添加一定量金属螯合亲和成相剂能有效提高酶的分配效果。取代量增大时，酶与金属离子的亲和接近饱和状态，酶活性反而受到亲和成相剂的影响导致上相酶活性回收率下降。

由图 3-15(c~d)可知：采用 PEG-IDA-Zn^{2+} 代替部分原双水相中的 PEG 所构建的亲和双水相对木瓜蛋白酶分配效果基本没有影响；采用 PEG-IDA-Ni^{2+} 代替部分原双水相中的 PEG 所构建的亲和双水相，对木瓜蛋白酶分配效果有一定的促进作用，当 PEG-IDA-Ni^{2+} 质量百分浓度达到 5%时，上相酶活性回收率可由原来的80.02%提高到84.78%，蛋白质分配系数由 1.70 提高到 1.79。金属离子的电荷、离子半径和电子层结构都是影响其对蛋白质亲和力大小的因素，Zn^{2+}、Ni^{2+} 具有相同电荷，其离子半径分别为 74 pm 和 72 pm，Ni^{2+} 半径小于 Zn^{2+}，半径小配位作用则强，因此 Ni^{2+} 对木瓜蛋白酶的亲和作用也略强于 Zn^{2+}。

由图 3-15(e~f)可知：采用 PEG-IDA-Ca^{2+} 和 PEG-IDA-Mg^{2+} 代替部分原双水相中的 PEG 所构成的亲和双水相，对木瓜蛋白酶的亲和分配没有提高作用，反而会随着添加量的增加影响酶的活性，使分配效果降低。

综合比较图 3-15，得出如下结论：①由于 PEG-IDA-Zn^{2+}、PEG-IDA-Ca^{2+} 和PEG-IDA-Mg^{2+} 亲和能力较弱，所构成的亲和双水相对木瓜蛋白酶的分配无明显效果；增加 PEG-IDA-Ca^{2+} 和 PEG-IDA-Mg^{2+} 会有抑制酶活性的作用。②PEG-IDA-Cu^{2+}、PEG-IDA-Fe^{3+} 和 PEG-IDA-Ni^{2+} 对木瓜蛋白酶的亲和能力较强，所构成的亲和双水相对木瓜蛋白酶的分配有促进效果，其中 PEG-IDA-Fe^{3+} 效果最为显著，而PEG-IDA-Cu^{2+} 虽然蛋白亲和能力强，但对酶活性影响也比较大，不适合用于配制萃取木瓜蛋白酶的亲和双水相。③可选取 PEG-IDA-Fe^{3+} 为最佳亲和成相剂制备亲和双水相萃取木瓜蛋白酶。

3.4.4　PEG-IDA-Fe^{3+}/PEG/(NH$_4$)$_2$SO$_4$亲和双水相体系的响应面优化及结果分析

响应面实验设计能有效地减少实验组数，以分析不同因素之间的交互作用（Mune et al., 2008）。本书在预实验与单因素的实验基础上，采用 BBD（box-behnken design）实验设计，对 pH（X_1）、PEG 质量百分浓度（X_2）、(NH$_4$)$_2$SO$_4$质量百分浓度（X_3）及 PEG-IDA-Fe^{3+} 质量百分浓度（X_4）4 个因素进行优化，选取酶活性回收率（Y）和蛋白质分配系数（K）为考察指标，以获得最优的木瓜蛋白酶亲和萃取条件，实验因素的水平编码表见表 3-6。实验设计及结果见表 3-7。实验结果方差分析见表 3-8。

表 3-6　响应面实验因素与水平编码表

因素	水平		
	−1	0	1
X_1（pH）	6.0	7.0	8.0
X_2（PEG 质量百分浓度）/%	13	16	19
X_3（硫酸铵质量百分浓度）/%	18	20	22
X_4（PEG-IDA-Fe^{3+}质量百分浓度）/%	0	3.5	7.0

表 3-7　响应面实验设计及结果

实验组	X_1	X_2	X_3	X_4	Y/%	K
1	−1	−1	0	0	72.12	1.52
2	1	−1	0	0	70.16	1.44
3	−1	1	0	0	63.63	1.27
4	1	1	0	0	65.12	1.31
5	0	0	−1	−1	34.56	0.56
6	0	0	1	−1	63.57	1.12
7	0	0	−1	1	41.32	0.81
8	0	0	1	1	38.52	0.72
9	−1	0	0	−1	65.21	1.31
10	1	0	0	−1	60.22	1.22
11	−1	0	0	1	48.77	1.02
12	1	0	0	1	46.11	0.99
13	0	−1	−1	0	44.67	0.92
14	0	1	−1	0	40.66	0.77
15	0	−1	1	0	65.08	1.39
16	0	1	1	0	47.21	0.96
17	−1	0	−1	0	45.67	0.93
18	1	0	−1	0	55.81	1.13
19	−1	0	1	0	56.42	1.16
20	1	0	1	0	48.56	1.07
21	0	−1	0	−1	43.32	0.85
22	0	1	0	−1	70.45	1.44
23	0	−1	0	1	73.67	1.57
24	0	1	0	1	43.21	0.75
25	0	0	0	0	89.78	1.88
26	0	0	0	0	90.21	1.89
27	0	0	0	0	92.69	1.92
28	0	0	0	0	91.15	1.9
29	0	0	0	0	85.76	1.84

表 3-8　实验结果方差分析

响应值	来源	离差平方和	自由度	均方	F 值	p 值
	模型	8 244.54	14	588.895 7	21.791 9	<0.000 1
	X_1	2.842 1	1	2.842 1	0.105 1	0.750 5
	X_2	125.065 6	1	125.065 6	4.628 0	0.049 4
	X_3	267.624 1	1	267.624 1	9.903 3	0.007 1
	X_4	174.269 4	1	174.269 4	6.448 8	0.023 6
	X_1X_2	2.975 6	1	2.975 6	0.110 1	0.744 9
	X_1X_3	81.000 0	1	81.000 0	2.997 4	0.105 4
	X_1X_4	1.357 2	1	1.357 2	0.050 2	0.825 9
	X_2X_3	48.024 9	1	48.024 9	1.777 1	0.203 8
$Y/\%$	X_2X_4	829.152 0	1	829.152 0	30.682 5	<0.000 1
	X_3X_4	252.969 0	1	252.969 0	9.361 0	0.008 5
	X_1^2	944.826 6	1	944.826 6	34.963 0	<0.000 1
	X_2^2	915.697 6	1	915.697 6	33.885 1	<0.000 1
	X_3^2	4 568.122 2	1	4 568.122 2	169.042 1	<0.000 1
	X_4^2	2 773.422 8	1	2 773.422 8	102.629 7	<0.000 1
	残差	378.330 2	14	27.023 6		
	失拟值	351.735 1	10	35.173 5	5.290 2	0.061 3
	净误差	26.595 1	4	6.648 7		
	总离差	8 622.871	28			
	模型	3.998 9	14	0.285 6	35.106 0	<0.000 1
	X_1	0.002 7	1	0.002 7	0.331 8	0.573 7
	X_2	0.081 6	1	0.081 6	10.038 0	0.006 8
	X_3	0.112 1	1	0.112 1	13.781 4	0.002 3
	X_4	0.221 4	1	0.221 4	27.211 5	0.000 1
	X_1X_2	0.057 6	1	0.057 6	0.721 0	0.721 0
	X_1X_3	0.046 2	1	0.046 2	5.681 1	0.031 9
	X_1X_4	0.007 2	1	0.007 2	0.090 4	0.768 0
	X_2X_3	0.067 6	1	0.067 6	0.846 1	0.373 2
K	X_2X_4	0.409 6	1	0.409 6	50.340 7	<0.000 1
	X_3X_4	0.176 4	1	0.176 4	21.679 9	0.000 4
	X_1^2	0.328 6	1	0.328 6	40.388 3	<0.000 1
	X_2^2	0.417 9	1	0.417 9	51.364 9	<0.000 1
	X_3^2	2.108 1	1	2.108 1	259.087 2	<0.000 1
	X_4^2	1.249 1	1	1.249 1	153.521 3	<0.000 1
	残差	0.113 9	14	0.008 1		
	失拟值	0.105 1	10	0.010 5	4.825 3	0.071 4
	净误差	0.008 7	4	0.002 2		
	总离差	4.112 9	28			

对表 3-7 数据进行二次多项回归拟合，得到两个响应值的二次多项回归模型：

$$Y=89.92-0.49X_1-3.23X_2+4.72X_3-3.81X_4+0.86X_1X_2-4.5X_1X_3+0.58X_1X_4-3.46X_2X_3-14.4$$
$$X_2X_4-7.95X_3X_4-12.07X_1^2-11.88X_2^2-26.54X_3^2-20.68X_4^2 \qquad (3\text{-}4)$$

$$R^2=0.95 \quad Adj.R^2=0.91$$

$$K=1.83-0.015X_1-0.082X_2+0.097X_3-0.14X_4+0.030X_1X_2-0.11X_1X_3+0.007X_1X_4-0.073X_2$$
$$X_3-0.32X_2X_4-0.21X_3X_4-0.23X_1^2-0.25X_2^2-0.57X_3^2-0.44X_4^2 \qquad (3\text{-}5)$$

$$R^2=0.97 \quad Adj.R^2=0.94$$

式（3-4）和式（3-5）中的 R^2 分别为 0.95 和 0.97，说明实验值和预测值之间相关度高，模型拟合性良好；校正方程 R^2 分别为 0.91 和 0.94，表明 90%以上的实验数据的变异性可用此回归模型来解释。

对表 3-7 实验数据进行方差分析，结果见表 3-8。两个回归模型的 p 值都小于 0.01，回归方程极显著，拟合的二次回归方程合适。将式（3-4）中 Y 回归方程中一次项系数的绝对值进行比较，得各因子影响从大到小依次为：$(NH_4)_2SO_4$ 质量百分浓度、PEG-IDA-Fe^{3+} 质量百分浓度、PEG 质量百分浓度和 pH；式（3-5）中各因子对 K 影响大小依次为：PEG-IDA-Fe^{3+} 质量百分浓度、$(NH_4)_2SO_4$ 质量百分浓度、PEG 质量百分浓度和 pH。表 3-8 的分析结果表明，在所选的各因素水平范围内，X_2、X_3、X_4、X_2X_4、X_3X_4、X_1^2、X_2^2、X_3^2、X_4^2 对 Y 和 K 影响显著；X_1X_3 对 K 影响显著而对 Y 影响不显著；X_1 对 Y 和 K 影响都不显著。这表明 pH 对酶在双水相体系中的分配行为影响不大，从侧面反映了木瓜蛋白酶有较宽的 pH 适应性。

对 Y 和 K 的响应面图进行分析，如图 3-16(a～b)所示：PEG 质量百分浓度、$(NH_4)_2SO_4$ 质量百分浓度及 PEG-IDA-Fe^{3+} 的质量百分浓度对酶活性回收率 Y 的影响均类似抛物线，即随着 PEG、$(NH_4)_2SO_4$ 和 PEG-IDA-Fe^{3+} 质量百分浓度的增加，酶活性回收率有先增后减的趋势。由图 3-16(c～d)可知，PEG 质量百分浓度、$(NH_4)_2SO_4$ 质量百分浓度和 PEG-IDA-Fe^{3+} 的质量百分浓度对蛋白质分配系数 K 的影响也呈抛物线形，因此在实际应用过程中，应控制 PEG、$(NH_4)_2SO_4$ 和 PEG-IDA-Fe^{3+} 用量。图 3-16 中，Y 和 K 的最大值处于各因素条件变化范围之内，表明所选变化范围合理有效。

在已建立的模型基础上，设定优化目标响应值 Y 和 K 最大，通过 Design-Expert 软件预测模型的最优条件为：pH 6.9、PEG 质量百分浓度 16%、$(NH_4)_2SO_4$ 质量百分浓度 20%、PEG-IDA-Fe^{3+} 质量百分浓度 3%，此时酶活性回收率（Y）和蛋白质分配系数（K）分别为 90.50%和 1.85。通过 3 次平行实验验证，得到 Y 和 K 的实验值分别为 91.25%和 1.87，实验值和预测值一致性良好，采用响应面法对木瓜蛋白酶在亲和双水相体系中分配条件的优化是有效的（王伟涛，2014）。

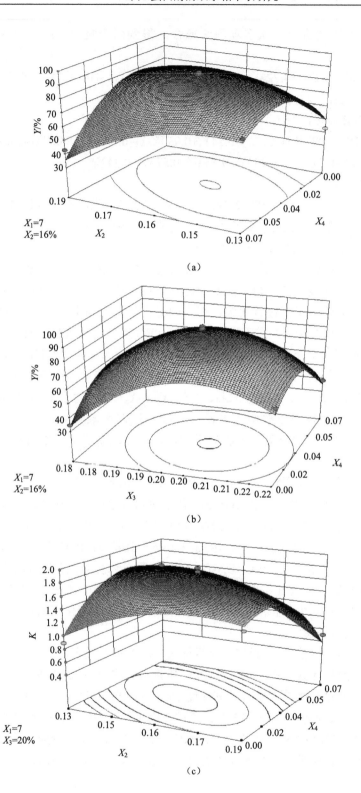

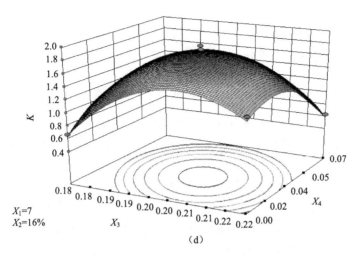

图 3-16　Y 和 K 的响应面图

3.5　木瓜蛋白酶分配模型的建立

3.5.1　木瓜蛋白酶结构表征

1. 紫外可见吸收（UV-vis）光谱扫描

分别取含酶亲和双水相的上相、木瓜蛋白酶液及不含酶的双水相上相 1 ml，稀释 10 倍，在 260～320 nm 范围内进行 UV-vis 光谱扫描。

UV-vis 光谱如图 3-17 所示，虽然上相介质对木瓜蛋白酶 270 nm 以下的吸收

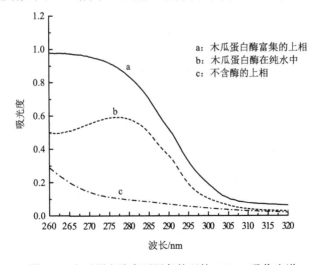

图 3-17　木瓜蛋白酶在不同条件下的 UV-vis 吸收光谱

光谱造成了一定的干扰，但木瓜蛋白酶在富集的上相和纯水中的最大吸收峰都出现在 276 nm 处，且峰型基本一致，与不含酶的上相介质峰型完全不同。表明萃取到上相的木瓜蛋白酶没有与萃取介质反应，紫外吸收特征明显，结构稳定。

2. 傅里叶变换红外光谱（FTIR）扫描

分别取 3 mg 木瓜蛋白酶、PEG 4000 及含酶亲和双水相中上相干燥粉末，与一定量的 KBr 研磨，用压片机压片后，在 400～4000 cm⁻¹ 内进行 FTIR 扫描。

傅里叶变换红外光谱是一种对分子结构进行分析的常用手段，实验过程中样品需求量少、易操作、测量迅速、可检测蛋白质的瞬间结构（石燕等，2012）。蛋白质的红外吸收光谱主要是由一系列酰胺吸收带组成的，其中酰胺 I 带（Amide I，1600～1700 cm⁻¹）主要是 C=O 伸缩振动吸收，酰胺 II 带（Amide II，1480～1575 cm⁻¹）主要是 C—N 伸缩振动吸收，常用于多肽和蛋白质的构象研究（Pei et al.，2009）。从图 3-18 可知：萃取前木瓜蛋白酶的 Amide I 吸收峰在 1610 cm⁻¹，Amide II 吸收峰在 1539 cm⁻¹；萃取后，在木瓜蛋白酶和亲和双水相上相的混合体系中，木瓜蛋白酶的两个吸收峰仍在相同的位置被识别到，并无新的吸收峰形成。说明在亲和双水相中木瓜蛋白酶的二级结构并未发生变化，这与 Bai 等（2013）研究离子液体双水相萃取蛋白质前后的结构表征有相同的结论。由此可见，亲和双水相体系萃取蛋白质不会影响其特征结构，对蛋白质分离提取有较好的应用前景。

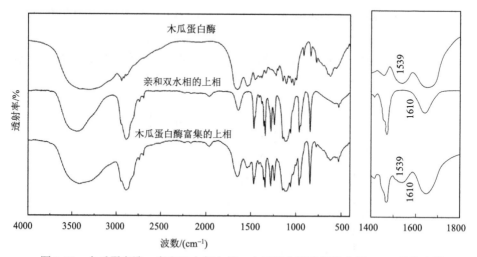

图 3-18　木瓜蛋白酶、亲和双水相上相、木瓜蛋白酶富集的上相 FTIR 吸收光谱

3.5.2　亲和双水相萃取木瓜蛋白酶模型的建立

由于诸多因素都会影响酶在双水相中的亲和分配，而且十分复杂。纵观已有

的亲和分配模型，主要分为晶格模型和多元平衡模型两大类，虽然这两类模型都有较强的理论基础，但模型在表达形式上过于复杂，且模型中引入的假设较多，实用价值并不大。本书在研究传统双水相萃取木瓜蛋白酶分配模型的基础上，对比传统双水相中酶的分配系数 K_0 和添加金属螯合亲和配基（PEG-IDA-Fe^{3+}）的亲和双水相中酶的分配系数 K，建立 K_0 和 K 的关系，推导出亲和双水相中木瓜蛋白酶的分配模型。

其中，木瓜蛋白酶在双水相中的分配系数 K_0 定义为：双水相分相后上相中木瓜蛋白酶活性（U_t）与下相中木瓜蛋白酶活性（U_b）之比；木瓜蛋白酶在亲和双水相中分配系数 K 定义为，亲和双水相分相后上相酶活性（U_{tq}）与下相酶活性（U_{bq}）之比。公式表达如下：

$$K_0 = \frac{U_t}{U_b} \tag{3-6}$$

$$K = \frac{U_{tq}}{U_{bq}} \tag{3-7}$$

1. 传统双水相中木瓜蛋白酶分配模型的建立

根据前期实验和双水相相图的实验数据，在较宽的成相范围内，选取不同组成的双水相体系萃取木瓜蛋白酶。测定双水相中上下相各组分含量及木瓜蛋白酶活性，分析上下相各组分含量与木瓜蛋白酶分配系数 K_0 之间的相关度，将相关度较高的各组分和 K_0 进行关联，得出双水相中木瓜蛋白酶的分配模型。

两组变量 x 和 y 的相关度 ρ 定义为

$$\rho(x,y) = \frac{\text{cov}(x,y)}{(\sqrt{Dx}\sqrt{Dy})} \tag{3-8}$$

式中，

$$\text{cov}(x,y) = E\left[(x - Ex)(y - Ey)\right] \tag{3-9}$$

$$Dx = E(x - Ex)^2 \tag{3-10}$$

$$Ex = \frac{1}{n}\sum_{i=1}^{n} x_i \tag{3-11}$$

室温条件下，固定双水相 pH 7.0，PEG/(NH$_4$)$_2$SO$_4$ 双水相体系中各组分浓度与木瓜蛋白酶分配系数 K_0 相关度 ρ 如表 3-9 所示。

表 3-9　双水相各组分浓度与分配系数 K_0 相关度

双水相组成	ρ					
PEG4000/ $(NH_4)_2SO_4$	PEG^t	$(NH_4)_2SO_4^t$	PEG^b	$(NH_4)_2SO_4^b$	ΔPEG	$\Delta(NH_4)_2SO_4$
$\ln K_0$	0.581 3	−0.154 5	−0.590 5	0.716 3	0.842 2	0.859 2

注：t 代表上相，b 代表下相，△代表上下相浓度差。

　　由表 3-9 中可以得出，分配系数与双水相中上下相各组分浓度相关度并不高，且相关系数都在 0.72 以下；而与双水相中 PEG 4000 的上下相浓度差及$(NH_4)_2SO_4$的上下相浓度差的相关性较好，且相关系数都大于 0.84。关联体系中 PEG 4000 和 $(NH_4)_2SO_4$ 在上下相的浓度差与酶的分配系数（K_0）关系如下：

$$\frac{\ln K_0 - c}{\sqrt{m_S^2 + m_P^2}} = a\sqrt{m_S^2 + m_P^2} + b \qquad (3\text{-}12)$$

式（3-12）中，m_S、m_P 分别代表 PEG 和$(NH_4)_2SO_4$在上下相中的浓度差，a、b、c 代表方程参数。方程形式与谢国红（谢国红等，2006）模型相似。

　　采用式（3-12）所示模型模拟了木瓜蛋白酶在 PEG 4000/$(NH_4)_2SO_4$ 双水相体系中的分配系数，用 Mathematic 软件对模型（3-12）进行了线性回归分析，参数拟合采用最小二乘法，结果如表 3-10 和图 3-19 所示：实验模型平均相对偏差为 7.02%，说明实验值与预测值之间一致性良好；由图 3-19 看出，双水相组分浓度差与分配系数的对数与呈线性关系，拟合结果令人满意，表明实验建立的模型准确有效。

表 3-10　方程参数与分配系数实验值和预测值平均相对偏差

PEG4000/ $(NH_4)_2SO_4$ 体系	u	b	c	ARD/%
	84.974 5	−50.496 7	4.789 2	7.02

注：平均相对偏差 $ARD = \dfrac{1}{N}\left(\sum (K^{cal} - K^{exp})/K^{exp}\right)$。

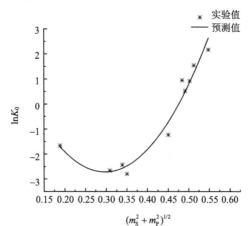

图 3-19　PEG 4000/$(NH_4)_2SO_4$ 双水相体系中木瓜蛋白酶分配系数预测值

2. 亲和双水相中木瓜蛋白酶分配模型的建立

固定传统双水相中$(NH_4)_2SO_4$和 PEG 4000 的组分浓度，用金属螯合亲和成相剂（PEG-IDA-Fe^{3+}）取代原双水相中的部分 PEG 4000，分析双水相中金属离子浓度对木瓜蛋白酶分配系数的影响。定义 η 为亲和双水相中酶的分配系数 K 与原双水相中酶的分配系数 K_0 的比值，公式表达如下：

$$\eta = \frac{K}{K_0} \tag{3-13}$$

那么 η 可以看作原双水相与亲和双水相木瓜蛋白酶分配系数之间的校正因子，也可以说是亲和配基对木瓜蛋白酶在亲和双水相中分配的综合影响因子，其数值与双水相中亲和配基的添加浓度密切相关。

在较宽的双水相成相范围内，选取不同组成，不同亲和配基取代量的双水相，分析 η 与亲和配基浓度之间的关系，采用多元线性回归的方法将 η 和亲和配基浓度值相关，得出相关模型。联系传统双水相中木瓜蛋白酶分配模型和所建立的亲和配基浓度与 η 之间的相关模型，得出双水相体系中木瓜蛋白酶的亲和分配模型。

固定双水相 pH 7.0，选取不同组成，不同亲和配基取代量的双水相，分析 η（K/K_0）与亲和配基浓度之间的关系，采用多元线性回归的方法将亲和配基浓度与 η 进行关联，相关方程如式（3-14）所示：

$$\eta = A\varphi_M^3 + B\varphi_M^2 + C\varphi_M + D \tag{3-14}$$

式中，φ_M 代表亲和双水相中添加金属离子浓度（体系中金属离子浓度）；A、B、C、D 分别为方程参数，其数值为别为 0.211 5、–0.940 7、1.031 0、0.952 1。双水相中 η 随金属离子浓度变化散点图及拟合曲线见图 3-20。

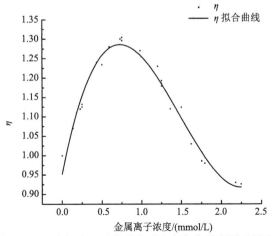

图 3-20　双水相中 η 随金属离子浓度变化散点图及拟合曲线

由 η 定义可得，木瓜蛋白酶在亲和双水相中的分配系数 $K=\eta \times K_0$，将式（3-14）代入上式得

$$K = (A\varphi_M^3 + B\varphi_M^2 + C\varphi + D) \times K_0 \qquad （3-15）$$

对方程两边取以 e 为底的对数得

$$\ln K = \ln(A\varphi_M^3 + B\varphi_M^2 + C\varphi_M + D) + \ln K_0 \qquad （3-16）$$

将传统双水相体系中 PEG 4000 和 $(NH_4)_2SO_4$ 在上下相的浓度差与酶的分配系数关联模型代入式（3-16）中，整理得木瓜蛋白酶分配系数 K 在以 Fe^{3+} 为亲和配基的金属螯合亲和双水相中的分配模型如下：

$$\ln K - \ln(A\varphi_M^3 + B\varphi_M^2 + C\varphi + D) = a(m_S^2 + m_P^2) + b\sqrt{m_S^2 + m_P^2} + c \qquad （3-17）$$

式中，a、b、c；A、B、C、D 皆为模型拟合参数，数值如前所述。

对亲和分配模型的分析可知，木瓜蛋白酶在亲和双水相中的亲和分配系数 K，与双水相中 PEG 4000 和 $(NH_4)_2SO_4$ 在上下相的浓度差及亲和配基添加浓度有关，实验将从改变亲和配基添加浓度、PEG 和 $(NH_4)_2SO_4$ 质量百分浓度等三个方面对模型的准确性进行验证，结果见表 3-11，通过对实验值和拟合值的比较，相对误差均在 15%以内，说明模型基本能够实现对木瓜蛋白酶在亲和双水相中的分配系数 K 进行准确预测。

表 3-11　实验值和模型预测值的比较

亲和双水相体系组成		实验值 K	预测值 K	相对误差 δ/%
固定组分	变量组分			
PEG 20% $(NH_4)_2SO_4$ 18%	φ_M =0.25mmol/L	2.14	2.27	6.07
	φ_M =0.75mmol/L	2.69	2.46	9.35
	φ_M =1.00mmol/L	2.19	2.38	8.68
	φ_M =1.75mmol/L	1.71	1.93	12.86
PEG 19% φ_M = 0.75mmol/L	$(NH_4)_2SO_4$ 15%	0.69	0.59	14.49
	$(NH_4)_2SO_4$ 17%	1.56	1.75	12.18
	$(NH_4)_2SO_4$ 19%	3.24	3.39	4.63
	$(NH_4)_2SO_4$ 21%	8.69	7.89	9.21
$(NH_4)_2SO_4$ 21% φ_M =1.25mmol/L	PEG 12%	1.58	1.43	9.49
	PEG 14%	1.98	1.82	8.08
	PEG 16%	3.54	4.02	13.56
	PEG 18%	4.89	5.16	5.52

3.6　讨　论

3.6.1　金属螯合亲和成相剂的制备评价

现有的制备金属螯合亲和成相剂基本上仍是以下三步：①聚合物活化；②螯合剂偶联；③金属离子螯合。而在活化方法上大都采用环氧氯丙烷法，螯合剂普遍选用 IDA，金属离子基本为 Cu^{2+} 和 Ni^{2+} 等过渡金属离子。由于有机反应往往伴随着许多不可控的副反应的发生，导致制备结合稳定且取代度高的金属离子亲和成相剂一直都是个比较棘手的问题。本书通过反应条件优化，制备了 6 种不同金属离子的亲和成相剂，最高金属离子螯合度达 0.97 mol/L，但不同批次的实验，结果有所不同。要进一步解决制备稳定取代度亲和成相剂问题，可从两方面考虑：一是寻找新型制备方法；二是对制备所得不同取代度的亲和成相剂进行复配，通过计算配制出具有稳定取代度的亲和成相剂。

3.6.2　亲和双水相萃取木瓜蛋白酶及萃取前后酶的结构表征评价

利用双水相在生物化工分离上的优点，将金属螯合亲和配基引入双水相，增大木瓜蛋白酶在双水相中的选择性分配，为酶的分离纯化寻找新方法。本书首先制备不同金属离子亲和配基，分析其对木瓜蛋白酶的亲和效果；其次利用亲和效果最优的亲和配基，对亲和双水相萃取木瓜蛋白酶进行了系统的研究得到了最佳分离工艺，结果与实际情况拟合较好；最后对萃取前后木瓜蛋白酶的结构采用紫外可见吸收光谱扫描和傅里叶变换红外光谱扫描，显示木瓜蛋白酶特征结构萃取前后并未发生改变。由此证明：采用金属螯合亲和双水相分离木瓜蛋白酶的方法可行性高，实验结果对酶的规模化生产有实际意义。

3.6.3　木瓜蛋白酶亲和分配模型评价

现有的物质在亲和双水相中的分配模型表达一般都比较复杂且模型的假设也较多。本书在建立无亲和配基双水相中木瓜蛋白酶分配模型的基础上，引入亲和配基综合影响因子与亲和配基添加浓度之间的关系，代入原木瓜蛋白酶的分配模型中，建立了双水相中各组分浓度差、亲和配基添加浓度与木瓜蛋白酶分配系数之间的亲和分配模型，该模型表达式简单，预测值和实验值相对误差在 15% 以内，能较好的对木瓜蛋白酶在亲和双水相中的分配行为进行预测。

参 考 文 献

董安华，彭健，张海德，等，2014. PEG/(NH$_4$)$_2$SO$_4$双水相相平衡数据的关联及木瓜蛋白酶在该体系中分配模型的建立[J]. 现代食品科技，30(10)：194-199.

李丽，2010. 原子吸收光谱法检测红葡萄酒中金属离子[D]. 洛阳：河南科技大学.

李美，杨严俊，2007. 新型Cu^{2+}-IDA金属螯合亲和膜制备及吸附蛋白质性能的研究[J]. 食品工业科技，28(6)：121-124.

陆瑾，2004. 温度诱导双水相金属螯合亲和分配技术的研究[D]. 杭州：浙江大学.

陆瑾，林东强，姚善泾，2004a. 亲和分配基质羟基二氯亚砜法活化工艺的改进[J]. 化工学报，55(7)：1179-1182.

陆瑾，赵珺，林东强，等，2004b. 金属螯合双水相亲和分配技术分离纳豆激酶的研究[J]. 高校化学工程学报，18(4)：466-471.

石燕，刘凡，葛辉，等，2012. 微胶囊形成过程中蛋白质二级结构变化的红外光谱分析[J]. 光谱学与光谱分析，32(7)：1815-1819.

孙彦，2013. 生物分离工程[M]. 第三版. 北京：化学工业出版社.

谭天伟，王丙武，刘德华，1996. 超氧化物歧化酶（SOD）在金属配基PEG4000/Na$_2$SO$_4$体系中分配特性的研究[J]. 化工学报，47(5)：621-626.

万婧，张海德，曹贵兰，2012. 超滤法在番木瓜提取木瓜蛋白酶工艺中的应用研究[J]. 粮食与食品工业，19(4)：33-37.

王伟涛，2014. 木瓜蛋白酶的双水相萃取研究[D]. 海口：海南大学.

文禹撷，林东强，陆瑾，等，2003. 一种双水相亲和分配配基的制备过程优化——亚氨基二乙酸-聚乙二醇[J]. 化学反应工程与工艺，19(2)：129-134.

文禹撷，邹少兰，林东强，等，2004. 双水相亲和萃取法从豆壳中分离过氧化物酶[J]. 食品科学，25(7)：93-96.

谢国红，王跃军，孙谧，2006. Triton X-100-无机盐双水相体系的相平衡模型及碱性蛋白酶在该体系中的分配系数模型[J]. 化工学报，57(9)：2027-2032.

杨青，冯小黎，苏志国，1998. 亲和吸附介质制备中活化过程的动力学分析[C]//第八界全国生物化工学术会议论文集，北京：化学工业出版社.

张海德，王伟涛，蒋欣欣，2013. 木瓜蛋白酶在亲和双水相体系中的分配行为及机制研究进展[J]. 食品安全质量检测学报，4(2)：328-332.

张兴灿，陈朝银，李汝荣，2011. 木瓜蛋白酶的活力检测标准研究[J]. 食品工业科技，32(10)：435-437.

Bai Z W，Chao Y H，Zhang M L，et al.，2013. Partitioning behavior of papain in ionic liquids-based aqueous two-phase systems[J]. Joural of Chemistry，29(8)：197-202.

Barbosa H S C，Hine A V，Brocchini S，et al.，2010. Dual affinity method for plasmid DNA purification in aqueous two-phase systems [J]. Journal of Chromatography A，1217(9)：1429-1436.

Blanco-Gomis D，Mangas-Alonso J J，Junco-Corujedo S，et al.，2009. Characterisation of sparkling cider by the yeast type used in taking foam on the basis of polypeptide content and foam characteristics [J]. Food Chemistry，115：375-379.

Cheluget E L，Gelinas S，Vera J H，et al.，1994. Liquid-liquid equilibrium of aqueous mixtures of poly (propylene glycol) with NaCl[J]. Journal of Chemical and Engineering Data，39(1)：127-130.

da Silva M E，Franco T T，2000. Purification of soybean peroxidase (glycine max) by metal affinity partitioning in aqueous two-phase systems[J]. Journal of Chromatography B，743(1)：287-294.

Li M，Su E，You P，et al.，2010. Purification and insitue immobilization of papain with aqueous two-phase system[J]. PLoS One，5(12)：e15168.

Lin D Q，Yao S J，Mei L H，et al.，2000. Preparation of iminodiacetic acid-ployethylene glycol for immobilized metal ion affinity partitioning[J]. Chinese Journal of Chemical Engineering，8(4)：310-314.

Liu X Y，Zeng H Y，Liao M C，2015. Interaction of mercury and copper on papain and their combined inhibitive determination[J]. Biochemical Engineering Journal，97：125-131.

Lu J，Lin D Q，Yao S J，2006. Preparation and application of novel EOPO-IDA-Metal polymer as recyclable metal affinity ligand in aqueous two-phase systems[J]. Industrial and Engineering Chemistry Research. 45(5)：1774-1779.

Mune M A M，Minka S R，Mbome I L，2008. Response surface methodology for optimisation of protein concentrate preparation from cowpea (*Vigna unguiculata*(L.) Walp)[J]. Food Chemistry，110(3)：735-741.

Pei Y，Wang J，Wu K，et al.，2009. Ionic liquid-based aqueous two-phase extraction of selected proteins [J]. Separation and Purification Technology，64(3)：288-295.

Plunkett S D，Arnold F H，1990. Metal affinity extraction of Human hemoglobin in an aqueous polyethylene glycol-sodium sulfate two-phase syste[J]. Biotechnology Techniques，4(1)：45-48.

Ramirez-Vick J E，García A A，1996. Recent development in the use of groupspecific ligands for affinity bioseparations [J]. Separation and Purification Methods，25(2)：85-129.

Sundberg L，Porath J，1974. Preparation of adsorbents for biospecific affinity chromatograpy attachment of gorup-containing ligands to insoluble polymers by means of functional oxinares [J]. Journal of Chromatography A，90(l)：87-98.

Vijayalakshmi M A，1989. Pseudobiospecific ligand affinity chromatography [J].Trends in Biotechnology，7(3)：71-76.

Wuenschell G E，Naranjo E，Arnold F H，1990. Aqueous two-phase metal affinity extraction of heme proteins[J]. Biosystems Engineering，5(5)：199-202.

Yan X，Souza M A，Pontes M Z R，et al.，2003. Liquid-liquid extraction of enzymes by affinity aqueous two-phase systems[J]. Brazilian archives of biology and technology，46(4)：741-750.

Zafarani-Moattar M T，Sadeghi R，2004. Liquid-liquid equilibrium of an aqueous two-phase system containing polyethylene glycol and sodium citrate：experimental and correlation[J]. Fluid Phase Equilibria，219(2)：149-155.

第4章 离子液体双水相体系中木瓜蛋白酶的萃取研究

4.1 离子液体双水相萃取技术研究进展

4.1.1 离子液体研究进展

离子液体(ionic liquids, IL),又称室温熔融盐,是指在室温或者接近室温的情况下,完全由有机阳离子和无机或有机阴离子组成的熔盐体系(曹红等,2012)。离子液体具有其他常规溶剂无可比拟的优点:不挥发、无色、无臭、溶解能力强、蒸汽压极低、化学稳定性好和通过正负离子可设计目标离子液体等。因此,在材料科学、分析测试、生物催化等领域得到了快速的发展和应用(Kamiya et al., 2008)。

离子液体的发展大致可分为三个时期:不耐水型离子液体、耐水型离子液体和功能型离子液体。1914年,Walden等根据离子液体的定义首先发现了硝基乙胺(EtNH$_3$NO$_3$)(Walden,1914),20世纪40年代,Hurley等又意外地发现了 N-烷基吡啶和 AlCl$_3$ 混合后溶液呈澄清状态(黄松云,2013),这一发现奠定了第一时期离子液体的雏形,但之后的半个世纪发展相对较慢,直到1992年,Wilkes等首次合成了1-乙基-3-甲基咪唑四氟硼酸盐([C$_2$mim]BF$_4$)(Wilkes et al.,1992),它具有低熔点,高稳定性等特点,至此,人们才对离子液体进行深入研究。截至2000年,各种离子液体相继被报道,包括吡啶类、胆碱类和季铵盐类。2000年以后,离子液体已经从耐水型向功能型转变,目前已合成的离子液体多达数百种。

4.1.2 离子液体双水相萃取技术的应用

离子液体双水相体系(ILATPS)综合了离子液体和双水相两者的优点,广泛应用到日常生产生活中,见表4-1。

表 4-1　离子液体双水相萃取技术的应用

目标	离子液体	效果
催化合成 Z-天冬氨酰苯丙氨酸甲酯（Erbeldinger et al.，2000）	[Bmim]PF$_6$	开创了生物研究的新方向
α-胰凝乳蛋白酶的催化反应（Eckstein et al.，2002）	[Emim][(CF$_3$SO$_2$)$_2$N]、[Bmim][(CF$_3$SO$_2$)$_2$N]	活性远高于其他溶剂中的活性
提纯牛血清蛋白（邓凡政等，2006）	[Bmim]BF$_4$-NaH$_2$PO$_4$	萃取率高达99%
提纯尿液中蛋白质（Du et al.，2007）	[Bmim]Cl-K$_2$HPO$_4$	分配系数可达到10，富集因子为5
提纯卵清蛋白（Ruiz-Angel et al.，2007）	[Bmim]Cl-K$_2$HPO$_4$	分配系数最高为180
提纯 α-淀粉酶（王军等，2009）	[Nebm]BF$_4$-KH$_2$PO$_4$	酶活性回收率可达到98.5%
研究香兰素分配行为（Claudio et al.，2010）	[Omim]Cl	优先选择分配在离子液体相中
提纯木瓜蛋白酶（王伟涛等，2014）	[C$_4$mim]Cl-K$_2$HPO$_4$	酶活性回收率可达到91.2%，纯化因子可以达到1.73
提纯木瓜蛋白酶（董安华等，2014）	PPG400-[Amim]Cl	建立了木瓜蛋白酶分配模型
提纯木瓜蛋白酶（侯雪丹等，2012）	[Bmim]BF$_4$	阴离子为 PF$_4^-$、PF$_6^-$ 的离子液体对木瓜蛋白酶的活性及热稳定性有促进作用
浮选盐酸多西环素（关卫省等，2015）	[Bmim]BF$_4$-NaH$_2$PO$_4$	[Bmim]BF$_4$：3 ml；NaH$_2$PO$_4$：25 g；气浮时间：40 min；气浮速率：50 ml/min 时达到最好效果
相平衡数据关联（吕会超等，2015）	[Bmim]BF$_4$-Na$_3$C$_6$H$_5$O$_7$/(NH$_4$)$_3$C$_6$H$_5$O$_7$	建立了体系相平衡的神经网络模型，能有效地预测相平衡数据
利用修正的 Wilson 模型对体系关联和预测（曹玲等，2015）	[Emim][(CF$_3$SO$_2$)$_2$N]	关联了气-液相平衡数据，并利用回归模型方程有效的预测了 2-C$_3$H$_8$O+H$_2$O+[Emim][(CF$_3$SO$_2$)$_2$N]气-液相平衡数据

4.2　离子液体双水相体系液/液/固边界线的研究

　　当离子液体、盐和蒸馏水混合在一起的时候，起初会出现澄清的溶液，随着盐添加量的增加，溶液会变得混浊，最终体系会分为上相和下相，形成双水相体系。目前，一般用直角相图或三角相图表示双水相体系的组成，如图 4-1，体系由 A、B、C 三种物质组成，曲线 ADC 是该体系的双节线，在双节线的上方是双相区，下方是单相区，直线 TL 被称为该体系的最长系线，与双节线组成了闭合区域 TDL，D 点是分相临界点。

　　随着向已分相的双水相体系中持续添加某种盐，当盐在该体系中达到饱和的时候，会以固体的形式析出，双水相体系逐渐变成液/液/固三相体系，这两种体系的分界线被称为液/液/固边界线（liquid/liquid/solid boundary line），是一条直线（Wang et al.，2009），并且与该体系最长的一条系线重合，同时与双节线形成闭合区域，在该区域内选择任意一点均可形成双水相体系，如图点 O，过 O 点分别向三角形三边做平行线，交点为 O$_1$、O$_2$、O$_3$，说明 O 点是由 A（O$_2$）、B（O$_3$）和 C（O$_1$）组成，OO$_2$ 与 TL 相交于 O$_4$。

①当 O 点距离 A 越近，说明含有 A 的量越大；

②当 O 点在 A 的对边上时，说明该点不含 A 物质；

③当体系组成在 OO_4 上任意一点时，说明该体系含有 A 的量一样；

④在双水相区域内，经过 A 点的直线，该直线上任意一点含有 A 物质的量均不一样，而含有 B、C 物质的质量百分浓度之比不变。

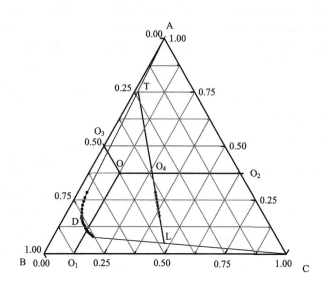

图 4-1　298.15 K 温度下 A/B/C 双水相体系三角相图

4.2.1　液/液/固边界线线性分析

通常采用相转变的方法测定液/液/固边界线（南二龙，2014）。取一定质量的盐（磷酸氢二钾、磷酸二氢钠），称其质量 m_0，加入质量为 m_1 的蒸馏水，振荡，使盐充分溶解，溶液澄清，然后逐滴滴加离子液体溶液（$[C_n\text{mim}]Br$、$[C_n\text{mim}]Cl$、$[C_n\text{mim}]BF_4$，$n=2$、4、6），每次滴加后，充分振荡，当体系由澄清变得浑浊时，说明体系最终会形成双水相，继续滴加离子液体溶液，直到体系中刚好出现沉淀为止，称其质量，计算出滴加到体系的总质量 m_2。利用式（4-1）、（4-2）计算出每一个点的坐标（X_S，Y_{IL}），依次重复实验。整个体系在不同温度下的恒温水浴槽中进行，称量时尽量擦干水，避免称量到水分带来的误差。

各组分含量计算公式（4-1）如下：

$$X_S = \frac{m_0}{m_0 + m_1 + m_2} \tag{4-1}$$

$$Y_{IL} = \frac{m_2}{m_0 + m_1 + m_2} \qquad (4\text{-}2)$$

式中，X_S，Y_{IL} 分别为盐的质量百分浓度，离子液体的质量百分浓度；（X_S，Y_{IL}）代表双相区与三相区分界线上的每一个点，将这些点连接起来组成液/液/固边界线。

分别测定在 288.15 K、298.15 K、308.15 K 温度下[C$_n$mim]Br/K$_2$HPO$_4$ 体系、[C$_n$mim]Cl/K$_2$HPO$_4$ 体系、[C$_n$mim]BF$_4$/NaH$_2$PO$_4$ 体系的液/液/固边界点并进行了线性拟合，见表 4-2。由表 4-2 可知，三种离子液体双水相体系的液/液/固边界点线性相关系数均高于 0.999，标准差小于 0.41%，说明临界点为一次线性相关；三种体系液/液/固边界线斜率 K 和截距 C 均不一样，即使同一种体系，侧烷基链长度不同，K 和 C 也不尽相同，说明不同离子液体形成双水相体系的能力不同。

表 4-2 **[C$_n$mim]Br/K$_2$HPO$_4$、[C$_n$mim]Cl/K$_2$HPO$_4$、[C$_n$mim]BF$_4$/NaH$_2$PO$_4$ 在不同温度下液/液/固边界线的线性关系**

离子液体	288.15 K				298.15 K				308.15 K			
	K	C	R^2	SD^a	K	C	R^2	SD^a	K	C	R^2	SD^a
[C$_2$mim]Br /K$_2$HPO$_4$	-1.027 9	79.212 0	0.999 7	0.000 9	-1.064 7	85.942 6	0.999 0	0.002 3	-1.168 3	88.002 6	0.999 2	0.003 2
[C$_4$mim]Br /K$_2$HPO$_4$	-1.120 5	79.648 0	0.999 8	0.002 2	-1.169 9	86.380 4	0.999 3	0.001 9	-1.212 0	88.570 8	0.999 4	0.004 1
[C$_6$mim]Br /K$_2$HPO$_4$	-1.214 7	84.309 9	0.999 5	0.001 2	-1.223 4	89.995 7	0.999 7	0.002 1	-1.254 4	91.728 3	0.999 3	0.002 0
[C$_2$mim]Cl /K$_2$HPO$_4$	-1.091 4	67.849 4	0.999 9	0.002 1	-1.122 8	70.232 6	0.999 5	0.001 8	-1.196 5	73.404 5	0.999 3	0.002 6
[C$_4$mim]Cl /K$_2$HPO$_4$	-1.195 2	70.607 7	0.999 1	0.001 3	-1.229 2	76.283 3	0.999 1	0.002 1	-1.281 2	79.026 0	0.999 8	0.002 5
[C$_6$mim]Cl /K$_2$HPO$_4$	-1.308 1	83.379 9	0.999 5	0.003 2	-1.326 6	89.655 0	0.999 2	0.003 2	-1.356 0	90.692 5	0.999 8	0.002 1
[C$_2$mim]BF$_4$ /NaH$_2$PO$_4$	-1.380 0	71.567 2	0.999 2	0.002 7	-1.477 0	74.148 6	0.999 8	0.000 8	-1.520 3	79.796 9	0.999 0	0.002 3
[C$_4$mim]BF$_4$ /NaH$_2$PO$_4$	-1.501 6	73.326 6	0.999 4	0.001 9	-1.537 9	77.694 5	0.999 3	0.002 1	-1.607 1	84.783 7	0.999 1	0.001 7
[C$_6$mim]BF$_4$ /NaH$_2$PO$_4$	-1.587 6	79.363 5	0.999 5	0.001 8	-1.753 5	81.631 2	0.999 4	0.001 4	-1.887 7	85.956 3	0.999 0	0.001 8

注：K 为斜率；C 为截距；R^2 为线性相关系数；SD^a 为标准差；a 为实验点个数。

4.2.2 离子液体侧烷基链长度对液/液/固边界线的影响

同种离子液体由于侧烷基链长度不同而导致溶解度等理化性质有很大的区别，形成的双水相体系也有各自的特点（Pei et al.，2010）。离子液体双水相体系是由于离子液体和盐竞争水分子而形成的，为了研究离子液体侧烷基链长度对液/液/固边界线的影响，在 298.15 K 温度下，分别对[C$_n$mim]Br/K$_2$HPO$_4$ 双水相体系、[C$_n$mim]Cl/K$_2$HPO$_4$ 双水相体系、[C$_n$mim]BF$_4$/NaH$_2$PO$_4$ 双水相体系的离子液体侧烷基链长度进行研究，结果见图 4-2。

由图 4-2a 可知，当[C$_n$mim]Br 侧烷基链长度 $n=2$ 变为 $n=6$ 时，液/液/固边界线 的 斜 率 由 $-1.064\,7$ 降 低 到 $-1.223\,4$，截 距 由 $85.942\,6$ 变 为 $89.995\,7$，[C$_2$mim]Br/K$_2$HPO$_4$ 双水相体系的液/液/固边界线较其他的远离坐标原点；图 4-2b 可知，当[C$_n$mim]Cl 侧烷基链长度 $n=2$ 变为 $n=6$ 时，液/液/固边界线的斜率由 $-1.122\,8$ 降低到$-1.326\,6$，截距由 $70.232\,6$ 变为 89.655，[C$_6$mim]Cl/K$_2$HPO$_4$ 双水相 体系的液/液/固边界线较其他的远离坐标原点；图 4-2c 可知，当[C$_n$mim]BF$_4$ 侧烷 基链长度 $n=2$ 变为 $n=6$ 时，液/液/固边界线的斜率由-1.477 降低到$-1.753\,5$，截距 由 $74.148\,6$ 变为 $81.631\,2$，[C$_4$mim]BF$_4$/K$_2$HPO$_4$ 双水相体系的液/液/固边界线较 其他的远离坐标原点。

上述三种离子液体双水相体系的液/液/固边界线斜率 K 均随着侧烷基链 n 的 增加而变小，截距 C 反而变大，斜率的变化说明：在等量盐的情况下形成液/液/固 边界线，需要同种离子液体 $n=6$ 的量比 $n=2$ 要多，这可能是因为离子液体是一种 强极性物质，阴离子相同的离子液体，随着侧烷基链长度的增加，极性相对变小， 其与水结合的能力变小，形成液/液/固边界线时需要的量更多（Li et al.，2010）； 由于同种离子液体不同侧烷基链长度对双节线在坐标中的位移影响不大，而 [C$_2$mim]Br 形成的液/液/固边界线较[C$_4$mim]Br、[C$_6$mim]Br 的远离坐标原点，所以 其与双节线形成的双相区面积较大；同理，因为[C$_6$mim]Cl 形成的液/液/固边界线 较[C$_2$mim]Cl、[C$_4$mim]Cl 的远离坐标原点，所以其与双节线形成的双相区面积较 大；[C$_4$mim]BF$_4$ 形成的液/液/固边界线较[C$_2$mim]BF$_4$、[C$_6$mim]BF$_4$ 的远离坐标原 点，故其与双节线形成的双相区面积较大。

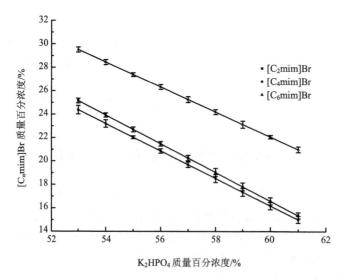

（a）

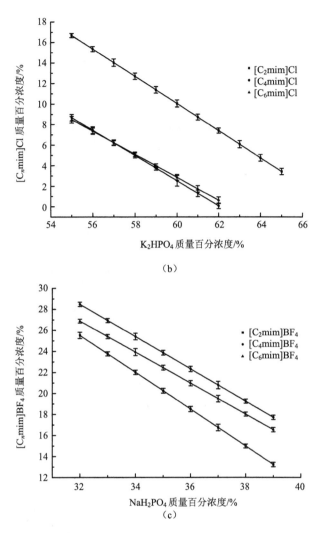

图 4-2　298.15 K 温度下离子液体侧烷基链长度对液/液/固边界线的影响

（a）离子液体[$C_n$mim]Br；（b）离子液体[$C_n$mim]Cl；（c）离子液体[$C_n$mim]BF$_4$；（n=2、4、6）

4.2.3　离子液体种类对液/液/固边界线的影响

为了研究不同种类离子液体对液/液/固边界线的影响，在相同温度下（288.15 K、298.15 K、308.15 K），分别选取[$C_n$mim]Br、[$C_n$mim]Cl、[$C_n$mim]BF$_4$（n=2、4、6）与磷酸盐形成双水相体系，测定液/液/固边界线，结果见图 4-3。

由图 4-3a 可知，在 288.15 K 温度下，[C_2mim]Br、[C_2mim]Cl、[C_2mim]BF$_4$ 的斜率分别为−1.027 9、−1.091 4、−1.38，斜率依次降低，在 298.15 K 和 308.15 K 温度下，侧烷基链相同时，出现了同样规律。斜率越大，表示相应的离子液体越易

与水结合，不易被盐析出，难形成双水相体系（Kato et al.，2004），即离子液体形成双水相体系的能力与液/液/固边界线的斜率成反比。因为液/液/固边界线是双水相变为三相时特有的一种直线（赵瑾，2007），所以可以用它来表示离子液体成相能力的大小，故这三种体系形成双水相能力的大小为：$[C_n mim]BF_4 > [C_n mim]Cl > [C_n mim]Br$；在相同温度下，$[C_n mim]Br$ 体系的液/液/固边界线比$[C_n mim]Cl$ 的远离坐标原点，$[C_n mim]BF_4$ 的距离原点最近，但是不同种类离子液体双节线不同，所以不能说明$[C_n mim]Br$ 体系形成的双水相区域面积最大，而$[C_n mim]BF_4$ 面积最小，如图 4-3(b～c)。

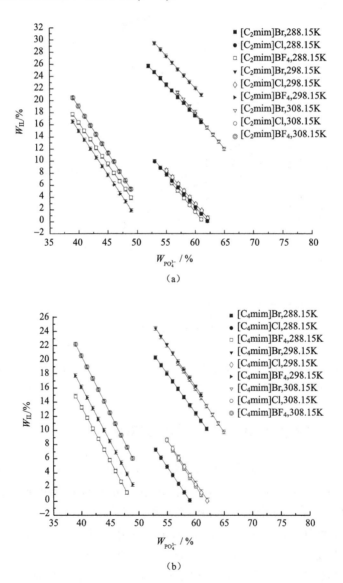

（a）

（b）

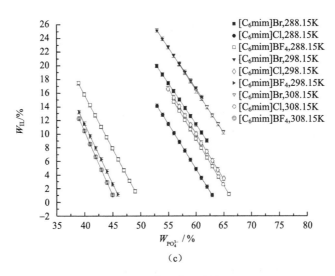

图 4-3　288.15 K、298.15 K、308.15 K 温度下离子液体[C$_n$mim]Br、[C$_n$mim]Cl、[C$_n$mim]BF$_4$
对液/液/固边界线的影响

（a）侧烷基链长度 $n=2$；（b）侧烷基链长度 $n=4$；（c）侧烷基链长度 $n=6$；

4.2.4　温度对液/液/固边界线的影响

为了研究温度对液/液/固边界线的影响，分别在 288.15 K、298.15 K、308.15 K
温度下，对侧烷基链相同的[C$_n$mim]Br、[C$_n$mim]Cl 和[C$_n$mim]BF$_4$（$n=2$、4、6）进
行研究，测定液/液/固边界线，结果见图 4-3。

由图 4-3a 可知，[C$_2$mim]Br 在 288.15 K、298.15 K、308.15 K 温度下时，液/
液/固边界线的斜率分别为-1.027 9、-1.064 7、-1.168 3，斜率依次降低，随着温度
的升高，离子液体和盐在水中的溶解度都会适当的增大，因为盐增大的程度小于
离子液体相应增大的程度，所以斜率会降低。图 4-3(b~c)验证了同样的规律。

4.3　离子液体相图及相平衡的研究方法

在 298.15 K 的恒温条件下，利用浊点法测定双节线，制作相图（Gutowski et
al.，2003）。分别取质量百分浓度 50%的[C$_n$mim]Br、[C$_n$mim]Cl、[C$_n$mim]BF$_4$（$n=2$、
4、6）溶液于 50 ml 的小烧杯中，逐滴向小烧杯中滴加质量百分浓度为 40%的
K$_2$HPO$_4$ 溶液和 NaH$_2$PO$_4$ 溶液，并不断用磁力搅拌器搅拌直至出现浑浊点，即为
双相区。通过称量计算出离子液体溶液和盐溶液在浑浊点时刻的质量百分浓度。
向已浑浊的溶液中逐滴滴加去离子水，直至溶液变澄清，即为单相区。称量后，
再次向小烧杯中滴加质量百分浓度为 40%的 K$_2$HPO$_4$ 溶液和 NaH$_2$PO$_4$ 溶液，直至

出现下一个浑浊点，重复上述操作。

在相图的指导下，选取适当的点配制离子液体双水相体系。分别称量不同质量的离子液体溶液和 K_2HPO_4/NaH_2PO_4 固体加入 5.0 ml 刻度管中，用去离子水补至 5.0 ml，振荡 20 min 后，置于 25℃的环境中 3.0 h，使体系达到平衡，溶液完全分相。上下相离子液体的质量百分浓度可以用折射率来确定（Zafarani-Moattar et al.，2004），K_2HPO_4 和 NaH_2PO_4 的质量百分浓度可以分别用酸碱中和滴定法来确定，测定方法参考中国国家标准 GB 25561—2010（中华人民共和国卫生部，2010a）和 GB 25564—2010（中华人民共和国卫生部，2010b）。离子液体质量百分浓度 W_{IL}，折射率 n，盐的质量百分浓度 W_S，三者的关系如下：

$$n = a_0 + a_1 W_{IL} + a_2 W_S \qquad (4-3)$$

a_0、a_1、a_2 为式（4-3）中的参数，见表 4-3。

表 4-3　[$C_n$mim]Br/K_2HPO_4、[$C_n$mim]Cl/K_2HPO_4、[$C_n$mim]BF$_4$/NaH$_2$PO$_4$ 双水相方程（4-3）中的参数

离子液体	a_0	a_1	a_2
[C_2mim]Br	1.329	1.82×10^{-3}	2.57×10^{-3}
[C_4mim]Br	1.328	1.83×10^{-3}	2.06×10^{-3}
[C_6mim]Br	1.330	1.74×10^{-3}	3.28×10^{-4}
[C_2mim]Cl	1.330	1.84×10^{-3}	1.53×10^{-3}
[C_4mim]Cl	1.331	1.94×10^{-3}	2.59×10^{-3}
[C_6mim]Cl	1.333	1.77×10^{-3}	2.11×10^{-3}
[C_2mim]BF$_4$	1.334	6.00×10^{-4}	9.00×10^{-3}
[C_4mim]BF$_4$	1.336	7.75×10^{-4}	1.40×10^{-3}
[C_6mim]BF$_4$	1.333	9.60×10^{-4}	1.29×10^{-3}

4.3.1　[$C_n$mim]Br/K_2HPO_4体系的研究

1. 相图的制作

在 298.15 K 温度下，通过 Merchuk 方程对双节线实验数据进行关联（Poole et al.，2010），制作相图。

$$W_{IL} = a\exp(bW_S^{0.5} - cW_S^3) \qquad (4-4)$$

式中，a、b、c 为方程参数；W_{IL} 为离子液体质量百分浓度；W_S 为 K_2HPO_4 质量百分浓度。Merchuk 方程形式简洁，近年来，主要用于离子液体/盐和聚合物/盐双节线数据的关联，效果很好。相关系数（R^2）、标准差（SD^a）和方程参数见表 4-4。

表 4-4　298.15 K 时[C$_n$mim]Br/K$_2$HPO$_4$体系双节点关联结果

离子液体	a	b	c	R^2	SD^a
[C$_2$mim]Br	78.719 4	−0.284 0	2.9812×10^{-5}	0.999 8	0.152 6
[C$_4$mim]Br	85.122 3	−0.332 4	3.9425×10^{-5}	0.999 4	0.214 0
[C$_6$mim]Br	89.814 8	−0.351 9	6.7108×10^{-5}	0.999 9	0.081 3

注：$SD^a = \sqrt{\sum_{i=1}^{N}(W_p^{cal} - W_p^{exp})^2 \Big/ N}$；$N$ 为双节点个数。

由表 4-4 可知，离子液体双节线利用式（4-4）进行拟合，R^2 均在 0.999 以上，关联效果极好，SD^a 小于 0.25，符合要求。

由图 4-4(a～c)可知，双节线与液/液/固边界线形成了一个闭合区域，选择闭合区域内任意一点都可以配制成双水相体系，而在双节线的下方是单相区，在液/液/固边界线的上方是液/液/固三相混合区域。

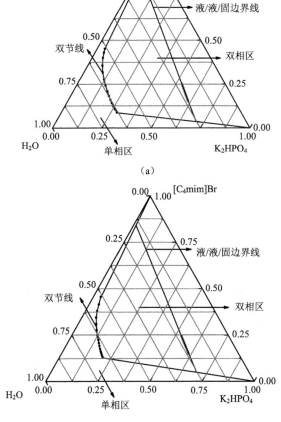

（a）

（b）

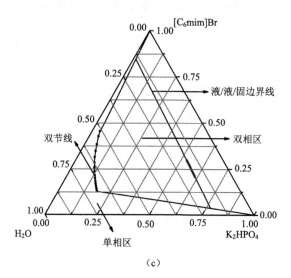

（c）

图 4-4　298.15 K 温度下[$C_n$mim]Br/K_2HPO_4双水相体系三角相图

（a）离子液体[C_2mim]Br；（b）离子液体[C_4mim]Br；（c）离子液体[C_6mim]Br

2. 相平衡的测定及关联

利用 Othmer-Tobias 和 Bancrof 经验方程对离子液体双水相液–液相平衡数据进行关联（Othmer et al.，1942），公式如下：

$$\left(\frac{1-W_{\mathrm{IL}}^{\mathrm{t}}}{W_{\mathrm{IL}}^{\mathrm{t}}}\right) = K\left(\frac{1-W_{\mathrm{S}}^{\mathrm{b}}}{W_{\mathrm{S}}^{\mathrm{b}}}\right)^{n} \tag{4-5}$$

$$\left(\frac{W_{\mathrm{W}}^{\mathrm{b}}}{W_{\mathrm{S}}^{\mathrm{b}}}\right) = K'\left(\frac{W_{\mathrm{W}}^{\mathrm{t}}}{W_{\mathrm{IL}}^{\mathrm{t}}}\right)^{n'} \tag{4-6}$$

式中，$W_{\mathrm{IL}}^{\mathrm{t}}$ 为上相离子液体质量百分浓度；$W_{\mathrm{S}}^{\mathrm{b}}$ 为下相中 K_2HPO_4 质量百分浓度；$W_{\mathrm{W}}^{\mathrm{b}}$ 为下相中水质量百分浓度；$W_{\mathrm{W}}^{\mathrm{t}}$ 为上相水质量百分浓度。上式中 K、n、K'、n' 是方程参数，见表 4-5。

表 4-5　[$C_n$mim]Br/K_2HPO_4双水相方程（4-5）和方程（4-6）中的参数

离子液体	K	n	R^2	K'	n'	$R^{2'}$
[C_2mim]Br	0.559	1.059	0.997	0.666	1.286	0.996
[C_4mim]Br	0.288	1.924	0.999	0.651	0.319	0.996
[C_6mim]Br	0.442	1.431	0.996	0.640	0.699	0.996

对方程（4-5）两边分别取对数，以 $\lg[(1-W_{\mathrm{S}}^{\mathrm{b}})/W_{\mathrm{S}}^{\mathrm{b}}]$ 为横坐标，$\lg[(1-W_{\mathrm{IL}}^{\mathrm{t}})/W_{\mathrm{IL}}^{\mathrm{t}}]$ 为纵坐标，进行线性拟合，可得出相关参数和线性拟合系数，方程（4-6）同理，

如图 4-5～图 4-6。

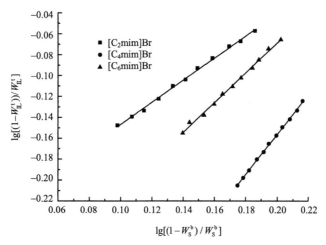

图 4-5　[C$_n$mim]Br/K$_2$HPO$_4$ 中 Othmer-Tobias 方程的线性相关性

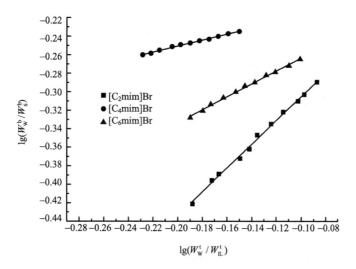

图 4-6　[C$_n$mim]Br/K$_2$HPO$_4$ 中 Bancroft 方程的线性相关性

由表 4-5 可知，Othmer-Tobias 和 Bancroft 很好的关联了离子液体双水相液-液相平衡的数据，线性相关系数（R^2）均可达到 0.996 及以上。通过回归方程，已知下相各组分的含量和回归方程的参数，可以得到上相各组分的含量，[C$_2$mim]Br、[C$_4$mim]Br、[C$_6$mim]Br 的平均相对误差分别为 -1.65×10^{-4}%、4.71×10^{-5}%、9.6×10^{-6}%，K$_2$HPO$_4$ 的平均相对误差分别为 2.09×10^{-2}%、-1.68×10^{-3}%、2.31×10^{-2}%，方程的拟合结果很好，见表 4-6。

表 4-6　298.15 K 温度下 [C$_n$mim]Br/K$_2$HPO$_4$ 双水相液-液相平衡拟合结果（单位：%）

实验值			拟合值			误差		
离子液体质量百分浓度	K$_2$HPO$_4$质量百分浓度	H$_2$O质量百分浓度	离子液体质量百分浓度	K$_2$HPO$_4$质量百分浓度	H$_2$O质量百分浓度	离子液体质量百分浓度	K$_2$HPO$_4$质量百分浓度	H$_2$O质量百分浓度
[C$_2$mim]Br+K$_2$HPO$_4$								
53.28	3.18	43.54	53.20	3.37	43.43	−0.001 5	0.061 2	−0.002 6
53.85	3.16	42.99	53.77	3.37	42.86	−0.001 5	0.066 8	−0.003 0
54.13	3.16	42.72	54.22	3.11	42.67	0.001 7	−0.012 8	−0.001 3
54.77	3.14	42.08	54.86	2.87	42.27	0.001 5	−0.087 0	0.004 5
55.32	3.14	41.54	55.43	2.83	41.74	0.001 9	−0.097 3	0.004 8
55.95	3.13	40.92	55.89	2.92	41.19	−0.001 1	−0.067 5	0.006 6
56.30	3.11	40.58	56.39	3.89	39.72	0.001 5	0.248 0	−0.021 2
56.71	3.11	40.19	56.92	3.34	39.73	0.003 8	0.076 1	−0.011 3
57.63	3.10	39.27	57.48	2.66	39.86	−0.002 6	−0.140 3	0.014 9
57.95	3.09	38.96	57.94	2.94	39.12	−0.000 2	−0.047 6	0.004 1
58.81	3.07	38.12	58.49	3.78	37.73	−0.005 4	0.230 0	−0.010 2
[C$_4$mim]Br+K$_2$HPO$_4$								
57.11	2.50	40.40	57.16	2.47	40.38	0.000 9	−0.011 7	−0.000 5
57.62	2.45	39.93	57.54	2.53	39.93	−0.001 3	0.034 0	−0.000 2
58.09	2.39	39.52	58.05	2.47	39.49	−0.000 7	0.030 9	−0.000 8
58.52	2.36	39.13	58.57	2.49	38.94	0.000 9	0.056 0	−0.004 7
58.96	2.32	38.72	58.96	2.29	38.74	0.000 0	−0.009 5	0.000 5
59.40	2.27	38.33	59.47	2.13	38.39	0.001 3	−0.059 4	0.001 5
59.84	2.23	37.93	59.81	2.07	38.12	−0.000 5	−0.071 9	0.004 9
60.23	2.17	37.59	60.26	1.90	37.83	0.000 5	−0.125 2	0.006 4
60.81	2.12	37.07	60.80	2.06	37.14	−0.000 2	−0.025 4	0.001 8
61.20	2.09	36.71	61.19	2.31	36.50	−0.000 2	0.107 6	−0.005 9
61.60	2.02	36.39	61.58	2.13	36.28	−0.000 2	0.056 1	−0.002 8
[C$_6$mim]Br+K$_2$HPO$_4$								
53.76	3.66	42.58	53.77	3.99	42.25	0.000 2	0.089 2	−0.007 9
54.26	3.61	42.12	54.40	3.84	41.77	0.002 4	0.062 2	−0.008 5
54.87	3.59	41.54	54.89	3.64	41.47	0.000 3	0.015 7	−0.001 7
55.31	3.54	41.15	55.22	3.25	41.52	−0.001 6	−0.080 8	0.009 1
55.86	3.48	40.66	55.83	3.53	40.65	−0.000 5	0.013 0	−0.000 4
56.33	3.41	40.26	56.26	3.30	40.44	−0.001 2	−0.032 4	0.004 4
56.73	3.39	39.87	56.79	3.25	39.96	0.000 9	−0.042 4	0.002 3
57.29	3.35	39.36	57.21	3.34	39.45	−0.001 4	−0.003 0	0.002 2
57.87	3.30	38.83	57.73	3.39	38.88	−0.002 5	0.028 5	0.001 4
58.26	3.24	38.50	58.47	3.69	37.84	0.003 6	0.138 5	−0.017 1
58.83	3.20	37.97	58.82	3.41	37.77	−0.000 1	0.065 7	−0.005 3

3. 分配模型的建立

以相图为指导，在双水相区域内选择合适的点配制双水相体系。离子液体双水相中木瓜蛋白酶分配系数 K 的定义为：双水相体系中上相的木瓜蛋白酶浓度（C_t）与下相中木瓜蛋白酶浓度（C_b）的比值，公式如下：

$$K = \frac{C_t}{C_b} \tag{4-7}$$

测定该体系上下相中木瓜蛋白酶浓度及各组分的含量，对各组分含量和分配系数 K 之间的相关性进行分析，相关性越接近于 1，说明相关性越好（Szabo et al.，2009），数据可用于模型的建立，反之，不可用，选择相关性接近 1 的一组或几组数据，进行模型的建立。

变量 x 和 y 之间的相关性 η 定义为

$$\eta(x, y) = \frac{\sum (x - \bar{x})(y - \bar{y})}{\sqrt{\sum (x - \bar{x})^2 \sum (y - \bar{y})^2}} \tag{4-8}$$

式中，$\bar{x}$ 和 $\bar{y}$ 是变量的平均数。

以[$C_n$mim]Br/K_2HPO_4 体系的相图为指导，在双水相的闭合区域内，选择合适的点配制双水相体系来萃取木瓜蛋白酶。双水相完全分相后，分别测定上下相各组分的质量百分浓度及木瓜蛋白酶浓度，对各组分质量百分浓度和分配系数 K 之间的相关性进行分析，见表 4-7。

表 4-7　分配系数与[$C_n$mim]Br/K_2HPO_4双水相体系各组分质量百分浓度的相关性

$\ln K$	相关系数					
	[$C_n$mim]Br^t	$K_2HPO_4{}^t$	H_2O^t	[$C_n$mim]Br^b	$K_2HPO_4{}^b$	H_2O^b
[C_2mim]Br/K_2HPO_4	−0.934	−0.583	0.627	−0.229	−0.724	0.680
[C_4mim]Br/K_2HPO_4	−0.896	−0.259	0.457	−0.477	−0.328	0.658
[C_6mim]Br/K_2HPO_4	−0.983	−0.812	0.759	−0.209	−0.321	0.581

注："−"表示负相关。

由表 4-7 可知，上相离子液体质量百分浓度与 $\ln K$ 的相关性都大于 0.89，接近于 1，均远高于其他组，故将上相离子液体质量百分浓度与该体系的 $\ln K$ 值进行关联，得到的方程如下：

$$\ln K = aW_{IL}^t + bW_{IL}^{t\,2} + c \tag{4-9}$$

式中，W_{IL}^t 为上相离子液体质量百分浓度；a、b、c 为方程参数。本书建立的模型与谢红国的模型相似（谢国红等，2006），各参数见表4-8。

表4-8　模型参数和分配系数预测值与实验值的相对偏差

离子液体	a	b	c	ARD/%	
				本书模型	谢国红模型
$[C_2mim]Br/K_2HPO_4$	2.470	−0.024	−61.361	6.948	18.759
$[C_4mim]Br/K_2HPO_4$	6.755	−0.055	−205.388	5.917	21.092
$[C_6mim]Br/K_2HPO_4$	0.368	−0.004	−7.121	5.341	15.010

注：$ARD = \dfrac{1}{N}(\sum (K^{cal} - K^{exp})/K^{exp}) \times 100\%$；$K^{cal}$为计算值；$K^{exp}$为实验值；$N$ 为实验点个数。

　　用上述模型拟合了木瓜蛋白酶在$[C_nmim]Br/K_2HPO_4$ 体系中的分配系数和上相离子液体质量百分浓度，由表4-8可知，相对偏差最大为6.948%，本书模型与谢红国模型相比，相对偏差较小。图4-7关联了木瓜蛋白酶在$[C_nmim]Br/K_2HPO_4$体系中的分配系数和上相离子液体质量百分浓度，相关系数分别为 0.990 3、0.987 6、0.990 9，结果令人满意。相对偏差和关联性表明，本书模型的建立较其他模型有了较大的改善。

　　模型的验证：对方程（4-9）进行验证。选取适当的点配制双水相体系，已知上相中$[C_2mim]Br$、$[C_4mim]Br$、$[C_6mim]Br$ 质量百分浓度分别为58.24%、57.34%、52.43%，实验值 K 分别为2.87、2.94、3.187，预测值 K 分别为2.96、3.036、3.25，实验值和预测值平均相对误差小于 3.3%，说明该模型预测的木瓜蛋白酶在$[C_nmim]Br/K_2HPO_4$体系中的分配行为是有效的。

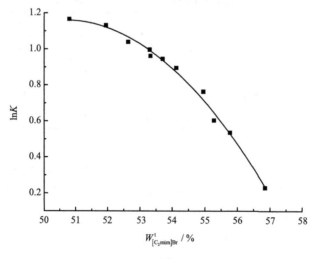

（a）

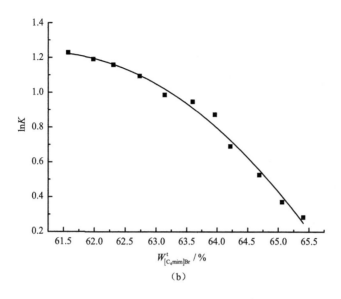

（b）

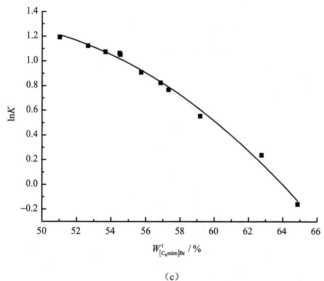

（c）

图 4-7 [C$_n$mim]Br/K$_2$HPO$_4$ 双水相中木瓜蛋白酶分配系数的预测值

（a）离子液体[C$_2$mim]Br；（b）离子液体[C$_4$mim]Br；（c）离子液体[C$_6$mim]Br

4.3.2 [C$_n$mim]Cl/K$_2$HPO$_4$体系的研究

1. 相图的制作

在 298.15 K 温度下，通过 Merchuk 方程，即方程（4-10），对双节线实验数据进行关联，制作相图。

$$W_{IL} = a\exp(bW_S^{0.5} - cW_S^3) \tag{4-10}$$

式中，a、b、c 为方程参数；W_{IL} 为离子液体质量百分浓度；W_S 为 K_2HPO_4 质量百分浓度。Merchuk 方程形式简洁，近年来，主要用于离子液体/盐和聚合物/盐双节线数据的关联，效果很好。相关系数（R^2）、标准差（SD^a）和方程参数见表 4-9。

表 4-9　298.15K 时[$C_n$mim]Cl-K_2HPO_4 体系双节点关联结果

离子液体	a	b	c	R^2	SD^a
[C_2mim]Cl	157.721 9	−0.518 1	−9.4051×10⁻⁷	0.996 4	0.573 7
[C_4mim]Cl	67.748 1	−0.285 2	2.9076×10⁻⁵	0.999 9	0.074 8
[C_6mim]Cl	89.776 2	−0.340 5	3.4447×10⁻⁵	0.999 5	0.228 9

注：$SD^a = \sqrt{\sum_{i=1}^{N}(W_P^{cal} - W_P^{exp})^2 / N}$；$N$ 为双节点个数。

a、b、c 为方程参数，由表 4-9 可知，利用方程（4-10）对[$C_n$mim]Cl/K_2HPO_4 体系的双节线进行关联，相关系数最小为 0.996 4，最大为 0.999 9，标准差小于 0.58，说明 Merchuk 方程适用于该体系。分别以离子液体、盐、水为三个顶点，制作三角相图，见图 4-8。

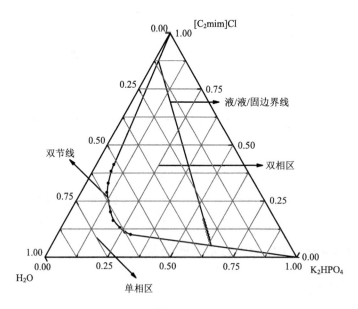

（a）

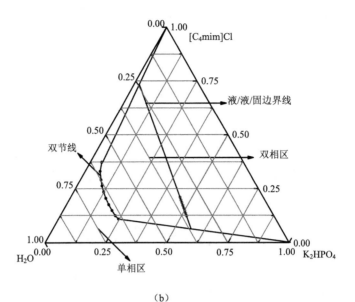

（b）

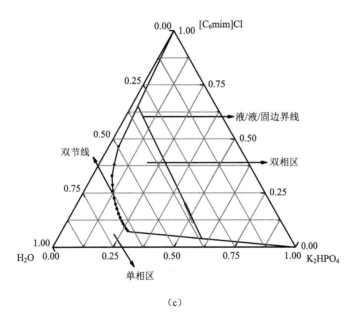

（c）

图 4-8　298.15 K 温度下[C$_n$mim]Cl/K$_2$HPO$_4$双水相体系三角相图
（a）离子液体[C$_2$mim]Cl；（b）离子液体[C$_4$mim]Cl；（c）离子液体[C$_6$mim]Cl

2. 相平衡的测定及关联

利用方程（4-5）、（4-6）对[C$_n$mim]Cl/K$_2$HPO$_4$体系液-液相平衡数据进行关联，见表 4-10。

表 4-10　[C$_n$mim]Cl/K$_2$HPO$_4$双水相方程（4-5）和方程（4-6）中的参数

离子液体	K	n	R^2	K'	n'	$R^{2'}$
[C$_2$mim]Br	0.917	0.539	0.999	0.377	5.059	0.999
[C$_4$mim]Br	1.033	0.324	0.995	0.490	5.178	0.997
[C$_6$mim]Br	0.710	0.606	0.996	2.674	4.746	0.997

　　表 4-10 中 K、n、K'、n'分别为方程（4-5）、（4-6）的参数。对方程两边取对数，分别以 $\lg[(1-W_S^b)/W_S^b]$ 和 $\lg(W_W^t/W_{IL}^t)$ 为横坐标，$\lg[(1-W_{IL}^t)/W_{IL}^t]$ 和 $\lg(W_W^b/W_S^b)$ 为纵坐标，进行一次拟合，可得到方程参数和线性相关系数（R^2），如图 4-9～图 4-10。

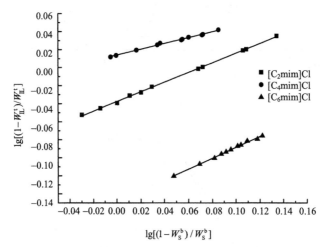

图 4-9　[C$_n$mim]Cl/K$_2$HPO$_4$ 中 Othmer-Tobias 方程的线性相关性

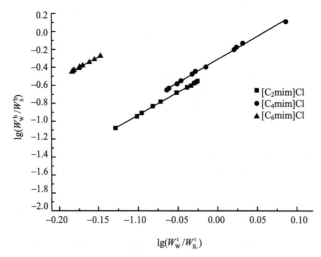

图 4-10　[C$_n$mim]Cl/K$_2$HPO$_4$ 中 Bancroft 方程的线性相关性

由表 4-10 可知，方程（4-5）、（4-6）与[C$_n$mim]Cl/K$_2$HPO$_4$ 相平衡数据关联很好，线性相关系数最小为 0.995，最大为 0.999，基本都接近于 1，拟合效果很好。在双水相体系中，利用方程（4-5）可以通过下相的盐得到上相离子液体的质量百分浓度，同理，方程（4-6）也可以通过下相得到上相各组分的质量百分浓度，三种体系的离子液体即[C$_2$mim]Cl、[C$_4$mim]Cl、[C$_6$mim]Cl 平均相对误差为 1.2×10^{-3}%、1.9×10^{-3}%、9×10^{-4}%，盐的平均相对误差为-6.5×10^{-3}%、1.0×10^{-2}%、-1.38×10^{-2}%，相对误差很小，符合要求，见表 4-11。

表 4-11 298.15 K 温度下[C$_n$mim]Cl/K$_2$HPO$_4$ 双水相液-液相平衡拟合结果（单位：%）

实验值			拟合值			误差		
离子液体质量百分浓度	K$_2$HPO$_4$质量百分浓度	H$_2$O质量百分浓度	离子液体质量百分浓度	K$_2$HPO$_4$质量百分浓度	H$_2$O质量百分浓度	离子液体质量百分浓度	K$_2$HPO$_4$质量百分浓度	H$_2$O质量百分浓度
[C$_2$mim]Cl+K$_2$HPO$_4$								
48.11	6.71	45.18	48.39	6.52	47.69	0.005 8	−0.029 2	0.055 7
48.10	7.90	43.99	48.29	7.51	47.61	0.003 8	−0.049 1	0.082 1
48.39	6.45	45.17	48.20	6.02	47.98	−0.003 9	−0.065 5	0.062 2
48.94	4.89	46.17	48.93	5.01	46.06	−0.000 3	0.024 7	−0.002 3
49.38	4.93	45.70	50.25	4.83	44.92	0.017 6	−0.019 6	−0.016 9
50.58	4.54	44.88	50.88	4.79	42.62	0.006 1	0.055 6	−0.050 5
53.29	4.53	42.17	53.05	4.90	44.05	−0.004 6	0.081 8	0.044 5
52.21	4.52	43.27	52.53	4.67	42.80	0.006 2	0.031 2	−0.010 8
51.66	4.55	43.79	51.82	4.54	42.63	0.003 1	−0.001 4	−0.026 4
53.57	3.42	43.00	53.08	3.58	41.86	−0.009 2	0.045 2	−0.026 5
54.10	5.67	40.23	54.15	5.21	39.64	0.000 9	−0.080 4	−0.014 7
[C$_4$mim]Cl+K$_2$HPO$_4$								
50.04	6.77	43.19	50.16	6.60	44.34	0.002 5	−0.024 9	0.026 5
48.77	5.54	45.70	48.51	5.80	45.98	−0.005 4	0.046 9	0.006 3
50.06	4.95	44.99	50.17	5.10	45.07	0.002 2	0.030 5	0.001 9
45.93	5.92	48.16	45.80	6.03	48.42	−0.002 7	0.019 3	0.005 5
50.32	4.96	44.72	50.55	5.07	44.80	0.004 5	0.020 4	0.001 8
49.82	3.94	46.24	49.84	3.97	46.49	0.000 5	0.006 2	0.005 4
49.32	3.02	47.67	48.85	3.04	47.11	−0.009 4	0.005 8	−0.011 7
46.73	3.96	49.32	47.88	3.69	49.43	0.024 7	−0.067 4	0.002 3
46.74	3.02	50.24	46.16	3.16	50.43	−0.012 4	0.047 2	0.003 7
44.17	2.00	53.83	44.60	2.08	54.32	0.009 6	0.041 4	0.009 2
51.36	4.03	44.61	51.19	4.15	44.36	−0.003 3	0.028 3	−0.005 6
[C$_6$mim]Cl+K$_2$HPO$_4$								
56.40	12.83	30.77	56.13	12.04	31.83	−0.004 8	−0.062 1	0.034 7
55.92	5.52	38.55	55.76	5.33	37.31	−0.003 0	−0.035 2	−0.032 2

续表

实验值			拟合值			误差		
离子液体质量百分浓度	K₂HPO₄质量百分浓度	H₂O质量百分浓度	离子液体质量百分浓度	K₂HPO₄质量百分浓度	H₂O质量百分浓度	离子液体质量百分浓度	K₂HPO₄质量百分浓度	H₂O质量百分浓度
			$[C_6mim]Cl+K_2HPO_4$					
57.05	5.58	37.36	57.20	5.55	35.75	0.002 5	−0.005 4	−0.043 2
56.77	5.31	37.92	56.31	5.38	36.93	−0.008 2	0.012 3	−0.026 1
55.94	4.21	39.85	55.93	4.36	38.22	−0.000 2	0.033 9	−0.040 9
56.22	4.44	39.34	56.02	4.38	38.18	−0.003 4	−0.013 3	−0.029 6
57.34	5.12	37.54	56.75	5.10	36.15	−0.010 4	−0.003 0	−0.037 0
57.35	4.25	38.40	57.50	4.26	37.84	0.002 6	0.001 6	−0.014 4
56.77	5.94	37.30	56.86	5.85	36.29	0.001 7	−0.015 3	−0.027 0
56.78	4.86	38.36	56.22	4.68	37.10	−0.009 9	−0.037 0	−0.032 8
57.63	4.41	37.96	57.45	4.29	36.26	−0.003 1	−0.027 9	−0.044 7

3. 分配模型的建立

在$[C_nmim]Cl/K_2HPO_4$体系相图的指导下，在双水相的闭合区域内，选择合适的点配制双水相体系来萃取木瓜蛋白酶。待双水相分相完全后，分别测定上下相中各组分的浓度及木瓜蛋白酶浓度，对各组分浓度和分配系数 K 之间的相关性进行分析，见表 4-12。

表 4-12　分配系数与$[C_nmim]Cl/K_2HPO_4$双水相体系各组分浓度的相关性

lnK	相关系数							
	$[C_nmim]Cl$			K₂HPO₄			H₂O	
	t	b	Δ	t	b	Δ	t	b
n=2	0.687	0.298	0.957	−0.769	0.728	0.859	−0.742	−0.722
n=4	0.697	0.894	0.946	−0.688	0.350	0.826	−0.571	−0.716
n=6	0.465	0.640	0.876	−0.539	0.252	0.816	−0.660	−0.232

注："−"表示负相关。n 为离子液体侧烷基链长度；t 为上相；b 为下相；Δ 为上下相的浓度差。

由表 4-12 可知，在侧烷基链不同的三种双水相体系中，相关性都高于 0.8 的只有两组，分别为上下相中离子液体的浓度差和上下相中盐溶液的浓度差，其余组相关性都不稳定，且都小于 0.8，故将这两组数据与 $\ln K$ 进行关联，得到方程如下：

$$\ln K = aL + bL^2 + cL^3 + d \tag{4-11}$$

式中，a、b、c、d 为方程参数，因为 $L = \sqrt{m_{IL}^2 + m_S^2}$（$m_{IL}$ 为上下相离子液体的浓

度差；m_S 为上下相盐的浓度差），故

$$\ln K = a\sqrt{m_{IL}^2 + m_S^2} + b(m_{IL}^2 + m_S^2) + c\sqrt{(m_{IL}^2 + m_S^2)^3} + d \qquad (4\text{-}12)$$

在相图中，通过 m_{IL} 和 m_S 可得到 L（系线的长度），在同一体系中，系线的斜率是一定的，所以，方程（4-12）实质是 $\ln K$ 与系线长度的非线性关系，方程（4-12）中各参数见表 4-13。

表 4-13　模型参数和分配系数预测值与实验值的相对偏差

ILATPS	$a\times10^{-3}$	$b\times10^{-3}$	$c\times10^{-3}$	$d\times10^{-3}$	ARD/%	
					本书模型	谢国红模型
[C₂mim]Br/K₂HPO₄	−1.197	2.816	−2.177	0.168	−5.883	19.992
[C₄mim]Br/K₂HPO₄	−6.560	15.376	−11.967	0.930	−4.652	29.433
[C₆mim]Br/K₂HPO₄	−1.827	4.478	−3.625	0.247	−6.497	21.140

注：$ARD = \dfrac{1}{N}(\sum (K^{cal} - K^{exp})/K^{exp}) \times 100\%$；$K^{cal}$ 为计算值；K^{exp} 为实验值；N 为实验点个数。

用方程（4-12）的模型去预测木瓜蛋白酶在[Cₙmim]Cl/K₂HPO₄ 体系中的分配比，其实质是预测系线长度 L 与 $\ln K$ 的相关性。由表 4-13 可知，本书模型的相对偏差在 6.5%以内，谢红国模型与该模型相似，但其相对偏差较大，最大达 29.433%。所以本书模型较其有了较大的改善。图 4-11 在[Cₙmim]Cl/K₂HPO₄（n=2、4、6）体系中分别对 L 和 $\ln K$ 进行了关联，相关系数分别为 0.953 53、0.939 81、0.959 91，结果比较满意，由相对偏差和相关系数可得，该模型可以准确地预测木瓜蛋白酶在[Cₙmim]Cl/K₂HPO₄ 体系中的分配行为。

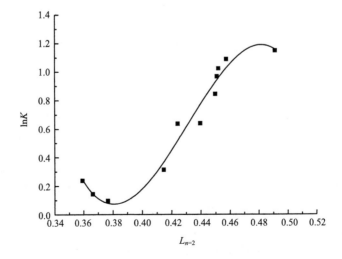

（a）

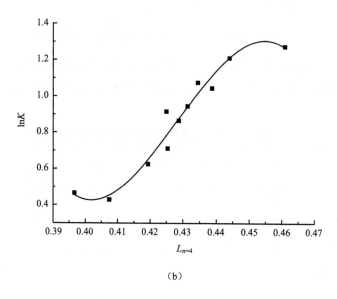

（b）

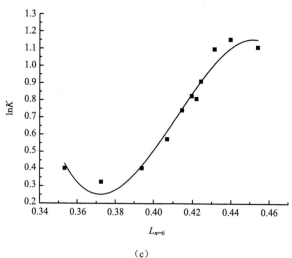

（c）

图 4-11　[$C_n$mim]Cl/K_2HPO$_4$双水相中木瓜蛋白酶分配系数的预测值

（a）离子液体[C_2mim]Cl；（b）离子液体[C_4mim]Cl；（c）离子液体[C_6mim]Cl

　　模型的验证：对方程（4-12）进行验证。选取适当的点配制双水相体系，已知
[$C_n$mim]Cl/K_2HPO$_4$（n=2、4、6）体系中系线长度分别为 0.45、0.46、0.42，实验
值 K 分别为 3.31、3.09、2.62，预测值 K 分别为 3.36、3.13、2.75，实验值和预测
值平均相对误差小于 4.97%，以上数据说明该模型预测木瓜蛋白酶在
[$C_n$mim]Cl/K_2HPO$_4$双水相体系中的分配行为是有效的。

4.3.3　[C$_n$mim]BF$_4$/NaH$_2$PO$_4$体系的研究

1. 相图的制作

同理，在 298.15K 温度下，通过方程（4-10），即 Merchuk 方程，对双节线实验数据进行关联，制作相图。相关系数（R^2）、标准差（SD^a）和方程参数见表 4-14。

表 4-14　298.15 K 时[C$_n$mim]BF$_4$/NaH$_2$PO$_4$体系双节点关联结果

离子液体	a	b	c	R^2	SD^a
[C$_2$mim]BF$_4$	1 609.71	−1.13	−5.01×10^{-5}	0.982 01	0.276 5
[C$_4$mim]BF$_4$	162.28	−0.87	−1.54×10^{-4}	0.976 74	0.357 8
[C$_6$mim]BF$_4$	16.38	−0.42	2.09×10^{-5}	0.999 61	0.008 5

注：SD$^a = \sqrt{\sum_{i=1}^{N}(W_\mathrm{p}^{\mathrm{cal}} - W_\mathrm{p}^{\mathrm{exp}})^2 \Big/ N}$；$N$ 为双节点个数。

a、b、c 为方程参数，由表 4-14 可知，利用方程（4-10）对[C$_n$mim]BF$_4$/NaH$_2$PO$_4$体系的双节线数据进行关联，相关系数均在 0.976 以上，标准差小于 0.4，说明该体系用 Merchuk 方程来拟合，效果很好。分别以[C$_n$mim]BF$_4$、NaH$_2$PO$_4$、H$_2$O 为顶点，制作三角相图，见图 4-12。

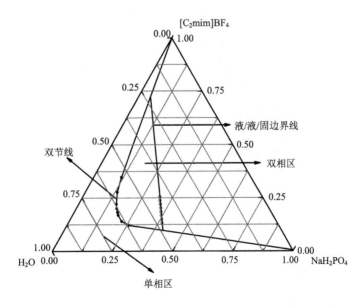

（a）

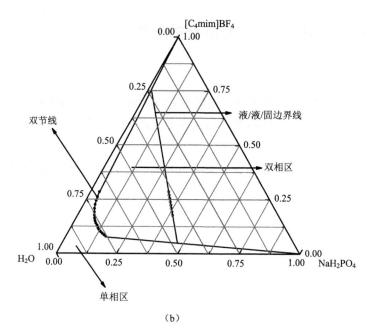

（b）

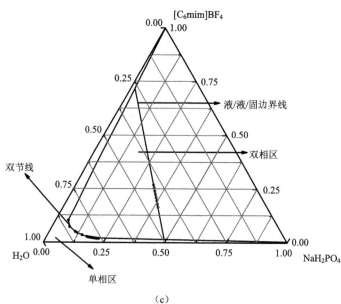

（c）

图4-12　298.15 K温度下[C$_n$mim]BF$_4$/NaH$_2$PO$_4$双水相体系三角相图

（a）离子液体[C$_2$mim]BF$_4$；（b）离子液体[C$_4$mim]BF$_4$；（c）离子液体[C$_6$mim]BF$_4$

2. 相平衡的测定及关联

同理，利用方程（4-5）、（4-6）对[C$_n$mim]BF$_4$/NaH$_2$PO$_4$体系液-液相平衡数据进行关联，见表4-15。

表 4-15　[C$_n$mim]BF$_4$/NaH$_2$PO$_4$ 双水相方程（4-5）和方程（4-6）中的参数

离子液体	K	n	R^2	K'	n'	$R^{2'}$
[C$_2$mim]BF$_4$	0.120	0.965	0.997	11.175	1.142	0.995
[C$_4$mim]BF$_4$	0.068	1.168	0.999	14.619	1.014	0.994
[C$_6$mim]BF$_4$	0.049	0.807	0.999	50.326	1.279	0.999

表 4-15 中 K、n、K'、n' 分别为方程（4-5）、（4-6）的参数。对该方程两边依次取对数，令 $\lg[(1-W_S^b)/W_S^b]$ 和 $\lg(W_W^t/W_{IL}^t)$ 为横坐标，$\lg[(1-W_{IL}^t)/W_{IL}^t]$ 和 $\lg(W_W^b/W_S^b)$ 为纵坐标，分别进行一次拟合，可求出方程参数和线性相关系数（R^2），如图 4-13～图 4-14。

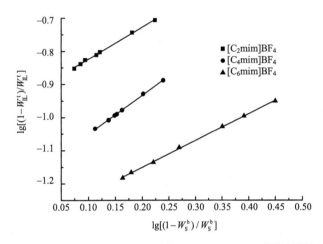

图 4-13　[C$_n$mim]BF$_4$/NaH$_2$PO$_4$ 中 Othmer-Tobias 方程的线性相关性

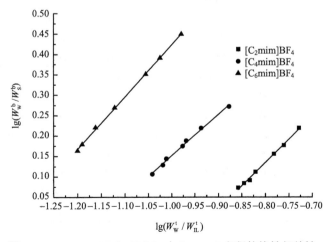

图 4-14　[C$_n$mim]BF$_4$/NaH$_2$PO$_4$ 中 Bancroft 方程的线性相关性

由表 4-15 可知，方程（4-5）拟合[C$_n$mim]BF$_4$/NaH$_2$PO$_4$（$n=2$、4、6）体系的

线性相关系数分别为 0.997、0.999、0.999；同理，方程（4-6）的分别为 0.995、0.994、0.999，故方程（4-5）、（4-6）与[C$_n$mim]BF$_4$/NaH$_2$PO$_4$（n=2、4、6）体系液-液相平衡关联很好。利用该方程，可通过已知相各组分的含量求得未知相各组分含量，见表 4-16，[C$_2$mim]BF$_4$、[C$_4$mim]BF$_4$、[C$_6$mim]BF$_4$ 平均相对误差为0、-1.4×10^{-5}%、1.4×10^{-5}%，NaH$_2$PO$_4$ 的平均相对误差分别为 1.4×10^{-2}%、-7.2×10^{-2}%、1.9×10^{-2}%，三种体系的平均相对误差都很小，方程拟合效果很满意。

表 4-16　298.15 K 温度下[C$_n$mim]BF$_4$/NaH$_2$PO$_4$双水相液-液相平衡拟合结果（单位：%）

实验值			拟合值			误差		
离子液体质量百分浓度	NaH$_2$PO$_4$质量百分浓度	H$_2$O质量百分浓度	离子液体质量百分浓度	NaH$_2$PO$_4$质量百分浓度	H$_2$O质量百分浓度	离子液体质量百分浓度	NaH$_2$PO$_4$质量百分浓度	H$_2$O质量百分浓度
[C$_2$mim]BF$_4$+NaH$_2$PO$_4$								
83.57	0.80	15.63	83.51	0.79	15.71	−0.000 8	−0.013 4	0.005 1
84.71	0.59	14.70	84.78	0.59	14.63	0.000 8	−0.002 1	−0.004 5
86.37	0.40	13.23	86.41	0.36	13.23	0.000 4	−0.105 8	0.000 4
86.61	0.30	13.09	86.58	0.32	13.10	−0.000 4	0.073 9	0.000 9
87.00	0.20	12.80	87.11	0.24	12.65	0.001 2	0.226 8	−0.011 6
87.33	0.19	12.48	87.31	0.20	12.49	−0.000 2	0.012 2	0.001 3
87.68	0.16	12.16	87.59	0.15	12.26	−0.001 0	−0.093 7	0.008 3
[C$_4$mim]BF$_4$+NaH$_2$PO$_4$								
88.54	1.21	10.25	88.52	1.14	10.34	−0.000 2	−0.056 2	0.008 4
89.46	0.92	9.62	89.51	0.84	9.64	0.000 6	−0.083 0	0.002 5
90.47	0.72	8.81	90.46	0.51	9.04	−0.000 1	−0.297 5	0.025 2
90.71	0.51	8.78	90.68	0.35	8.97	−0.000 3	−0.321 9	0.021 6
90.78	0.42	8.80	90.77	0.29	8.94	−0.000 1	−0.310 9	0.015 8
91.05	0.23	8.72	91.02	0.33	8.65	−0.000 3	0.415 2	−0.008 2
91.53	0.15	8.32	91.56	0.17	8.27	0.000 3	0.150 9	−0.006 4
[C$_6$mim]BF$_4$+NaH$_2$PO$_4$								
89.93	0.64	9.43	89.88	0.69	9.43	−0.000 5	0.080 7	−0.000 7
90.83	0.59	8.58	90.83	0.59	8.57	0.000 1	0.003 7	−0.000 8
91.41	0.54	8.05	91.44	0.53	8.03	0.000 3	−0.010 4	−0.002 5
92.49	0.52	6.99	92.55	0.44	7.02	0.000 6	−0.160 0	0.003 9
93.17	0.41	6.42	93.15	0.38	6.47	−0.000 2	−0.082 1	0.008 8
93.61	0.35	6.04	93.62	0.34	6.04	0.000 2	−0.026 8	−0.001 0
93.83	0.24	5.93	93.80	0.32	5.88	−0.000 4	0.326 7	−0.007 6

3. 分配模型的建立

以[C$_n$mim]BF$_4$/NaH$_2$PO$_4$体系相图为指导，在闭合的双水相内，选取适当的点形成双水相体系来萃取木瓜蛋白酶。在离子液体双水相完全分相后，测定上相中 $[C_nmim]BF_4$、NaH_2PO_4 及木瓜蛋白酶浓度，同理，可测出下相各目标物质的量，再进行相关性分析，上下相中各组分质量百分浓度与木瓜蛋白酶分配系数 K 的相关性见表 4-17。

表 4-17　分配系数与 $[C_nmim]BF_4/NaH_2PO_4$ 双水相体系组分质量百分浓度的相关性

$\ln K$	相关系数					
	$[C_nmim]BF_4^t$	$NaH_2PO_4^t$	H_2O^t	$[C_nmim]BF_4^b$	$NaH_2PO_4^b$	H_2O^b
$n=2$	−0.941	0.715	0.834	0.796	−0.944	0.940
$n=4$	−0.959	0.782	0.702	0.321	−0.970	0.877
$n=6$	−0.889	0.726	0.813	0.718	−0.911	0.825

注："−"表示负相关。

由表 4-17 可知，上相 $[C_nmim]BF_4$ 质量百分浓度与 $\ln K$ 的相关性均比 NaH_2PO_4 和 H_2O 高，接近于 1，下相 NaH_2PO_4 质量百分浓度与 $\ln K$ 相关性较高，故将上相 $[C_nmim]BF_4$ 质量百分浓度和下相 NaH_2PO_4 质量百分浓度与该体系的 $\ln K$ 值进行关联，得到方程（4-13）：

$$\ln K = AW_{IL} + BW_S + C \qquad (4\text{-}13)$$

式中，W_{IL} 为上相离子液体质量百分浓度；W_S 为下相盐溶液质量百分浓度；A、B、C 为方程参数，方程与谢红国模型相似（谢国红等，2006），各参数见表 4-18。

表 4-18　模型参数和分配系数预测值与实验值的相对偏差

ILATPS	A	B	C	ARD/%	
				本书模型	谢国红模型
$[C_2mim]BF_4/NaH_2PO_4$	0.296	−0.227	−15.0	3.85	14.4
$[C_4mim]BF_4/NaH_2PO_4$	−0.207	−0.0531	20.7	2.20	15.8
$[C_6mim]BF_4/NaH_2PO_4$	−0.065	−0.126	11.1	4.95	19.8

注：$ARD = \frac{1}{N}(\sum (K^{cal} - K^{exp})/K^{exp}) \times 100\%$；$K^{cal}$ 为计算值；K^{exp} 为实验值；N 为实验点个数。

利用方程（4-13）的模型分别对木瓜蛋白酶在 $[C_nmim]BF_4/NaH_2PO_4$（$n=2$、4、6）双水相体系中的分配系数 K 和各组分质量百分浓度进行拟合，由表 4-18 可知，相对偏差均在 4%以下，本书模型的相对偏差较谢红国模型小了很多。图 4-15 分别关联了木瓜蛋白酶在 $[C_nmim]BF_4/NaH_2PO_4$（$n=2$、4、6）双水相体系中的 $\ln K$ 和上相离子液体质量百分浓度及下相盐质量百分浓度，结果比较满意。通过相对偏差和关联程度可知，本书模型和其他模型相比，有了较大的改善。

模型的验证：对方程（4-13）进行验证。选取适当的点配制双水相体系，已知 $[C_nmim]BF_4/NaH_2PO_4$（$n=2$、4、6）双水相体系中上相离子液体质量百分浓度分别为 84.3%、85.4%、84.8%，下相盐质量百分浓度分别为 38.1%、28.2%、33.6%，实验值 K 分别为 3.55、4.38、3.91，预测值 K 分别为 3.68、4.59、3.87，实验值和预测值平均相对误差小于 4.79%，说明该模型预测木瓜蛋白酶在 $[C_n mim]BF_4/NaH_2PO_4$ 双水相体系中的分配行为是有效的。

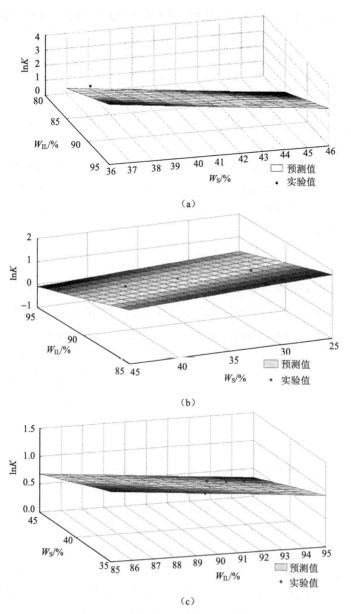

图 4-15 $[C_n mim]BF_4/NaH_2PO_4$ 双水相中木瓜蛋白酶分配系数的预测值
（a）离子液体$[C_2mim]BF_4$；（b）离子液体$[C_4mim]BF_4$；（c）离子液体$[C_6mim]BF_4$

4.3.4　三种离子液体双水相体系的比较

离子液体是一种强极性物质，其在水中的溶解性和无机盐的盐析作用是双水相成相能力大小的关键，溶解性越差，成相能力越强；盐析作用越弱，越不利于分相（Sattari et al.，2016）。将$[C_n mim]Br/K_2HPO_4$双水相体系、$[C_n mim]Cl/K_2HPO_4$双水相体系、$[C_n mim]BF_4/NaH_2PO_4$双水相体系进行比较，结果如下。

1. 液/液/固边界线的比较

在相同温度下，通过液/液/固边界线可知，$[C_n mim]BF_4/NaH_2PO_4$双水相体系的斜率最小，$[C_n mim]Br/K_2HPO_4$双水相体系的斜率相对最大，因为液/液/固边界线是两相变为三相时特有的一条直线，它可以反应不同离子液体成相能力的大小，即斜率越小，成相能力越大，所以，成相能力较大的为$[C_n mim]BF_4/NaH_2PO_4$双水相体系。

2. 分配模型的比较

通过建立模型比较可知，$[C_n mim]Br/K_2HPO_4$双水相体系、$[C_n mim]Cl/K_2HPO_4$双水相体系、$[C_n mim]BF_4/NaH_2PO_4$双水相体系中木瓜蛋白酶分配系数K，即上下相中木瓜蛋白酶浓度比，最高分别为3.41、3.58、4.65，平均分别为2.35、2.56、3.29，所以三种双水相体系中，$[C_n mim]BF_4/NaH_2PO_4$双水相体系萃取木瓜蛋白酶效果相对较好。

3. SDS-PAGE 电泳结果的比较

在相同洗脱条件下（0.1mol/L，pH 7.2，Tris-HCl+1mol/L NaSCN），对三种双水相体系即$[C_4mim]Br/K_2HPO_4$、$[C_4mim]Cl/K_2HPO_4$、$[C_4mim]BF_4/NaH_2PO_4$进行洗脱处理，进一步验证不同离子液体双水相体系对木瓜蛋白酶的纯化效果，电泳结果见图 4-16。

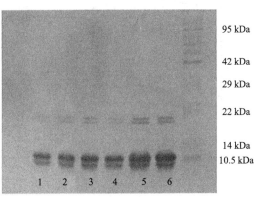

图 4-16　样品电泳图

第 1、第 2 泳道代表[C₄mim]Br/K₂HPO₄双水相体系；第 3、第 4 泳道代表[C₄mim]Cl/K₂HPO₄双水相体系；第 5、第 6 泳道代表[C₄mim]BF₄/NaH₂PO₄双水相体系。由图 4-16 可知，杂蛋白大部分集中在 10.5 kDa 左右，在 22 kDa 附近，有明显的条带，此条带是木瓜蛋白酶（21 kDa）形成的，第 5、第 6 泳道的浓度在 22 kDa 附近明显高于其他泳道，而其他泳道的浓度差别不是很大，所以，[C₄mim]BF₄/NaH₂PO₄双水相体系较其他双水相体系提纯效果明显。

4.4　[Cₙmim]BF₄/NaH₂PO₄双水相体系萃取木瓜蛋白酶的研究

4.4.1　各成相剂对木瓜蛋白酶活性比的影响

将质量百分浓度为 5%、15%、25%、35%、45%的各成相剂溶液各取 4 ml，加 1 ml 稀释特定倍数的酶溶液，充分混匀，静置 0.5 h 后测其酶活性。空白对照取 4 ml 去离子水加 1 ml 稀释特定倍数的酶溶液，其余步骤均相同。以 X（%）为响应值，研究各成相剂对酶活性的影响。

$$X(\%) = \frac{U_1}{U_2} \tag{4-14}$$

式中，U_1 为成相剂中的酶活性；U_2 为空白组酶活性。

由图 4-17 可知，[C₄mim]BF₄质量百分浓度在 40%以下时，酶活性比表现为增长趋势，基本在 100%～110%，质量百分浓度大于 40%以后，呈下降趋势，故其

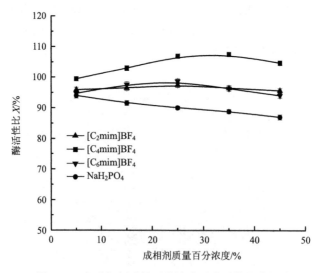

图 4-17　各成相剂质量百分浓度对酶活性比的影响

质量百分浓度不宜太大,应保持在 40%以下,此时[C$_4$mim]BF$_4$对酶活性比有促进作用。不同碳链长度的离子液体对酶有不同的作用,酶的稳定性、选择性和酶活性受到离子液体的影响表现为减少、保持和增加,甚至部分功能会发生转化(李明,2014)。[C$_2$mim]BF$_4$质量百分浓度在 50%以内时,基本对酶活性比的影响保持不变,为 95%~100%;[C$_6$mim]BF$_4$表现为先增大后降低,质量百分浓度在 25%时,达到最大值 98.73%;随着 NaH$_2$PO$_4$质量百分浓度的持续增大,酶活性比反而降低,保持在 90%左右。

4.4.2 离子液体侧烷基链长度的不同对分配行为的影响

分别添加 NaH$_2$PO$_4$的量为 0.20 g/ml、0.25 g/ml、0.30 g/ml、0.35 g/ml、0.40 g/ml、0.45 g/ml,因为[C$_6$mim]BF$_4$在水中的溶解度较小,所以[C$_6$mim]BF$_4$/NaH$_2$PO$_4$双水相体系离子液体添加量为 0.15 g/ml,其余双水相体系为 0.30 g/ml,木瓜蛋白酶添加量为 2.0 mg/ml,研究不同侧烷基链长度对分配行为的影响。

由图 4-18 可知,在选取的 NaH$_2$PO$_4$浓度范围内,[C$_4$mim]BF$_4$/NaH$_2$PO$_4$双水相体系对酶活性回收率和蛋白质分配系数均较[C$_6$mim]BF$_4$/NaH$_2$PO$_4$双水相、[C$_2$mim]BF$_4$/NaH$_2$PO$_4$双水相体系高。[C$_4$mim]BF$_4$/NaH$_2$PO$_4$双水相体系与[C$_6$mim]BF$_4$/NaH$_2$PO$_4$双水相体系相比较,离子液体侧烷基链越长,疏水性越强,对于木瓜蛋白酶集中到离子液体相中越有利(王伟涛等,2014),但侧烷基链太长,对酶活性不利,故舍去[C$_6$mim]BF$_4$/NaH$_2$PO$_4$双水相体系。[C$_4$mim]BF$_4$/NaH$_2$PO$_4$双水相体系与[C$_2$mim]BF$_4$/NaH$_2$PO$_4$双水相体系相比较,当 NaH$_2$PO$_4$添加量为0.40 g/ml 时,[C$_4$mim]BF$_4$/NaH$_2$PO$_4$双水相体系酶活性回收率高达 88.66%,蛋白质分配系数为 3.35,均高于 NaH$_2$PO$_4$添加量为 0.35 g/ml 时的结果,[C$_2$mim]BF$_4$/NaH$_2$PO$_4$双水相体系的酶活性回收率为85.97%,蛋白质分配系数2.67,

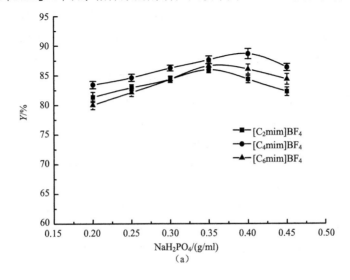

(a)

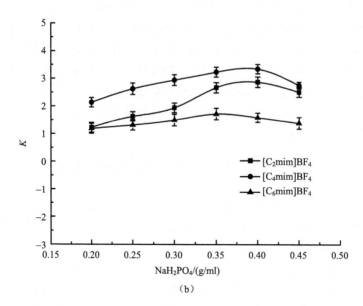

(b)

图 4-18　不同侧烷基链长度的离子液体对酶活性回收率和蛋白质分配系数的影响
(a) 酶活性回收率；(b) 蛋白质分配系数

因为盐析作用是离子液体双水相成相的主要原因之一，增大 NaH_2PO_4 的浓度，导致盐析作用加强，使得木瓜蛋白酶更趋于上相分配，故舍去[C_2mim]BF_4/NaH_2PO_4双水相体系。综上所述，应选取[C_4mim]BF_4/NaH_2PO_4双水相体系，NaH_2PO_4 浓度为 0.40 g/ml。

4.4.3　离子液体浓度对木瓜蛋白酶分配行为的影响

在上述结果的最佳条件下，[C_4mim]BF_4 添加量分别为 0.10 g/ml、0.15 g/ml、0.20 g/ml、0.25 g/ml、0.30 g/ml、0.35 g/ml、0.40 g/ml，NaH_2PO_4 浓度为 0.40 g/ml，木瓜蛋白酶添加量为 2.0 mg/ml，研究离子液体浓度对分配行为的影响。

由图 4-19 可知，在选取的[C_4mim]BF_4 浓度范围内，酶活性回收率先增大后减小，当浓度为 0.35 g/ml 时，酶活性回收率高达 89.65%，由于木瓜蛋白酶的分子结构中含有苯环，当[C_4mim]BF_4和木瓜蛋白酶共存时，咪唑环上的 π 电子会和酶中的 π 电子发生比较强烈的 π-π 相互作用，这种 π-π 相互作用就促进了木瓜蛋白酶被离子液体相所萃取（范杰平等，2011）。随着离子液体浓度的增大，该酶在上下相中分配阻力也大大增加，严重阻碍了其进入上相即离子液体相，造成酶活性回收率明显降低。蛋白质分配系数曲线在离子液体浓度为 0.25 g/ml 时明显升高，随后降低，当浓度为 0.30 g/ml、0.35 g/ml 时，蛋白质分配系数很接近，分别为 3.35、3.33。综合考虑，应选取[C_4mim]BF_4 离子液体浓度为 0.35 g/ml。

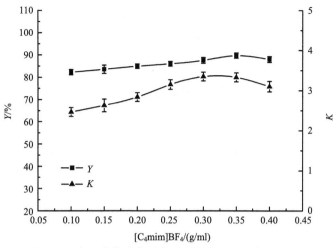

图 4-19　离子液体浓度对木瓜蛋白酶分配行为的影响

4.4.4　木瓜蛋白酶添加量对其分配行为的影响

在上述结果的最佳条件下，酶添加量分别为 0.5 mg/ml、1.0 mg/ml、1.5 mg/ml、2.0 mg/ml、2.5 mg/ml、3.0 mg/ml、3.5 mg/ml，NaH_2PO_4 浓度为 0.40 g/ml，$[C_4mim]BF_4$ 浓度为 0.35 g/ml，研究木瓜蛋白酶添加量对其分配行为的影响。

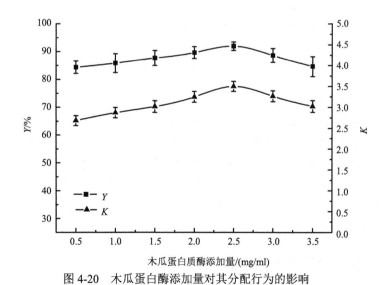

图 4-20　木瓜蛋白酶添加量对其分配行为的影响

由图 4-20 可知，在选取的木瓜蛋白酶浓度范围内，酶活性回收率和蛋白质分配系数均先增大后减小，当酶浓度为 2.5 mg/ml 时，酶活性回收率为 91.96%，蛋白质分配系数达到 3.50。酶添加量越大，酶活性回收率和蛋白质分配系数越低，当富集在上相的酶达到饱和时，过多的酶就会被迫分配到下相，造成酶活性回收率降低及酶的浪费，同时过多的酶会使离子液体相中发生微乳化现象。综合考虑，木瓜蛋白酶量为 2.5mg/ml 时效果最佳。

4.4.5　pH对木瓜蛋白酶分配行为的影响

在上述结果的最佳条件下，设定 pH 为 6 个变量，即：5.0、6.0、7.0、8.0、9.0、10.0，NaH_2PO_4 浓度为 0.40 g/ml，$[C_4mim]BF_4$ 浓度为 0.35 g/ml，木瓜蛋白酶添加量为 2.5 mg/ml，研究 pH 对木瓜蛋白酶分配行为的影响。

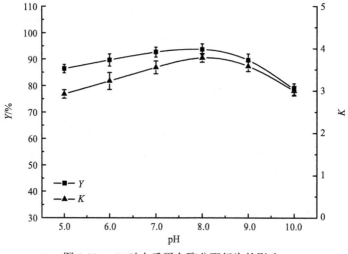

图 4-21　pH 对木瓜蛋白酶分配行为的影响

由图 4-21 可知，在选取的 pH 范围内，酶活性回收率和蛋白质分配系数变化基本一致，都是先增大后减小，当 pH 在 8.0 附近时，酶活性回收率（93.67%）达到最大，此时的蛋白质分配系数为 3.78，当 pH 持续增加，两个指标都急剧下降。蛋白质是两性电解质，pH 的改变必然会引起蛋白质电荷性质的变化（Lu et al.，2011），进而对离子液体与蛋白质之间的静电相互作用产生影响，当 pH 8.0 接近木瓜蛋白酶的等电点时，体系中电荷量接近 0，对分配行为影响较小。综合考虑，pH 选取 8.0 效果最佳。

4.4.6　温度对分配行为的影响

在上述结果的最佳条件下，将温度分别设定为 288.15 K、298.15 K、308.15 K、318.15 K、328.15 K，NaH_2PO_4 浓度为 0.40 g/ml，$[C_4mim]BF_4$ 浓度为 0.35 g/ml，

木瓜蛋白酶添加量为 2.5 mg/ml，体系 pH 为 8.0，研究温度对木瓜蛋白酶分配行为的影响。

由图 4-22 可知，在选取的温度范围内，酶活性回收率曲线先平稳后快速下降，蛋白质分配系数曲线则是先增大后减小，当温度为 298.15 K 时，酶活性回收率为 96.27%，蛋白质分配系数为 4.12。因为木瓜蛋白酶具有一定的耐高温特性，离子液体在一般温度下不会发生分解，所以，在一定范围内升高温度，有利于蛋白质富集于离子液体相中，但是温度过高，会引起蛋白质的分解和变性，影响酶活性回收率。综合考虑，温度选取 298.15 K 时效果最佳。

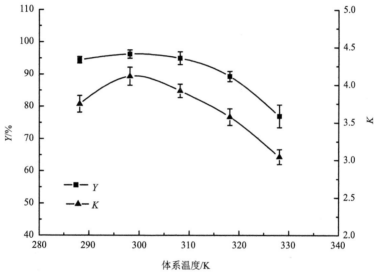

图 4-22 温度对木瓜蛋白酶分配行为的影响

4.4.7 响应面实验设计及分析

结合单因素实验的结果，利用 Design-Expert. 8.05b 软件进行 CCD 实验设计，以酶活性回收率和蛋白质分配系数为实验的两个响应值，对 4 个变量 NaH_2PO_4（X_1）、[C_4mim]BF_4 质量浓度（X_2）、酶添加量（X_3）、pH（X_4）在 298.15 K 的环境下优化，以研究木瓜蛋白酶的最佳萃取条件，见表 4-19。

表 4-19 响应面实验因素及水平

因素	单位	水平				
		−2	−1	0	1	2
X_1	g/ml	3.00	3.50	4.00	4.50	5.00
X_2	g/ml	0.25	0.30	0.35	0.40	0.45
X_3	mg/ml	0.15	0.20	2.50	0.30	0.35
X_4		6.00	7.00	8.00	9.00	10.00

1. 响应面实验设计方案及结果

响应面 CCD 实验设计方案及结果见表 4-20。

表 4-20　响应面 CCD 实验设计方案及结果

实验组	X_1/(g/ml)	X_2/(g/ml)	X_3/(mg/ml)	X_4	Y/%	K
1	0.35	0.30	2.0	7.0	81.05	2.88
2	0.45	0.30	2.0	7.0	86.78	2.47
3	0.35	0.40	2.0	7.0	80.95	2.87
4	0.45	0.40	2.0	7.0	79.05	3.25
5	0.35	0.30	3.0	7.0	85.77	3.27
6	0.45	0.30	3.0	7.0	94.79	2.65
7	0.35	0.40	3.0	7.0	80.89	2.79
8	0.45	0.40	3.0	7.0	85.28	3.10
9	0.35	0.30	2.0	9.0	78.30	3.02
10	0.45	0.30	2.0	9.0	82.54	2.86
11	0.35	0.40	2.0	9.0	84.10	3.15
12	0.45	0.40	2.0	9.0	81.80	3.71
13	0.35	0.30	3.0	9.0	89.80	3.67
14	0.45	0.30	3.0	9.0	95.75	3.65
15	0.35	0.40	3.0	9.0	89.48	3.29
16	0.45	0.40	3.0	9.0	86.06	4.02
17	0.30	0.35	2.5	8.0	85.09	3.70
18	0.50	0.35	2.5	8.0	91.00	4.16
19	0.40	0.25	2.5	8.0	90.30	3.65
20	0.40	0.45	2.5	8.0	80.30	3.52
21	0.40	0.35	1.5	8.0	71.40	2.19
22	0.40	0.35	3.5	8.0	83.30	2.34
23	0.40	0.35	2.5	6.0	90.20	2.66
24	0.40	0.35	2.5	10.0	91.18	3.44
25	0.40	0.35	2.5	8.0	94.56	4.68
26	0.40	0.35	2.5	8.0	96.65	4.86
27	0.40	0.35	2.5	8.0	97.36	4.78
28	0.40	0.35	2.5	8.0	98.12	4.79
29	0.40	0.35	2.5	8.0	97.56	4.67
30	0.40	0.35	2.5	8.0	96.54	4.78

2. 响应面方差分析

采用 Design-Expert.8.05b 软件进行方差分析。

对表 4-20 数据进行处理，得到 Y 和 K 的二次多项回归模型：

$Y= -501.12684+1049.31128X_1+1018.96726X_2+97.66896X_3+19.59501X_4-704.01425\ X_1X_2$

$\qquad +25.37753X_1X_3-15.95256X_1X_4-54.12848X_2X_3+21.59244X_2X_4+1.92985X_3X_4$

$\qquad -888.47404X_1^2-1162.97404X_2^2-19.57874X_3^2-1.56006X_4^2$ 　　　　　　（4-15）

$R^2=98.10\%$　　$\text{Adj.}R^2=96.33\%$

$K= -52.75149+27.4609X_1+62.22606X_2+12.78011X_3+5.86266X_4+79.6X_1X_2+0.115X_1X_3$

$\qquad +1.805X_1X_4-4.489X_2X_3+0.307X_2X_4+0.19445X_3X_4-85.80842X_1^2-120.10842X_2^2$

$\qquad -2.51988X_3^2-0.4339X_4^2$ 　　　　　　（4-16）

$R^2=98.57\%$　　$\text{Adj.}R^2=97.23\%$

　　方程（4-15）和（4-16）的相关系数 R^2 分别为 98.10% 和 98.57%，拟合性很好。两个模型的校正 R^2 分别为 96.33% 和 97.23%，表明该回归模型可以解释大部分实验数据（>96.33%）的变异性。

　　对表 4-20 实验数据进行方差分析，结果见表 4-21～表 4-24。由表 4-22 和表 4-24 可知，两个模型 p 值均小于 0.01，说明回归方程的 F 检验极显著，失拟项均不显著（$p>0.05$），这表明所拟合的二次回归方程合适。各因素对响应值影响的大小，可通过回归方程中一次项系数绝对值大小来判断（周存山等，2006）。由方程（4-15）可知，对于酶活性回收率，NaH_2PO_4 浓度影响最大，之后依次是 [C_4mim]BF$_4$ 浓度、酶添加量和 pH。表 4-21 分析结果表明，在该水平范围内，X_1、X_2、X_3、X_1X_2、X_2X_3、X_2X_4、X_1^2、X_2^2、X_3^2、X_4^2 对 Y 影响极显著，X_4、X_1X_4、X_3X_4 对 Y 影响显著，X_1X_3 对 Y 影响不显著。由方程（4-16）可知，对于蛋白质分配系数，[C_4mim]BF$_4$ 浓度影响最大，其次是 NaH_2PO_4 浓度、酶添加量和 pH。表 4-23 分析结果表明，在该水平范围内，X_3、X_4、X_1X_2、X_2X_3、X_1^2、X_2^2、X_3^2、X_4^2 对 K 影响极显著，X_1、X_2、X_1X_4、X_3X_4 对 K 影响显著，X_1X_3、X_2X_4 对 K 影响不显著。由以上可知，X_1 和 X_2 交互作用，X_2 和 X_3 交互作用同时对 Y 和 K 影响极显著（$p<0.01$）。

表 4-21　响应值 Y 的方差分析

响应值	误差来源	离差平方和	自由度	均方差	F 值	p 值
	X_1	46.87	1	46.87	26.56	0.000 1**
	X_2	92.68	1	92.68	52.51	< 0.000 1**
	X_3	247.30	1	247.30	140.13	< 0.000 1**
	X_4	9.68	1	9.68	5.48	0.0334*
	X_1X_2	49.56	1	49.56	28.08	< 0.000 1**
Y	X_1X_3	6.44	1	6.44	3.65	0.075 4
	X_1X_4	10.18	1	10.18	5.77	0.029 7*
	X_2X_3	29.30	1	29.30	16.60	0.001 0**
	X_2X_4	18.65	1	18.65	10.57	0.005 4**
	X_3X_4	14.90	1	14.90	8.44	0.010 9*
	X_1^2	135.32	1	135.32	76.68	< 0.000 1**

续表

响应值	误差来源	离差平方和	自由度	均方差	F 值	p 值
	X_2^2	231.86	1	231.86	131.37	< 0.000 1**
Y	X_3^2	657.13	1	657.13	372.34	< 0.000 1**
	X_4^2	66.76	1	66.76	37.82	< 0.000 1**

*表示在 5% 的水平内显著，**表示在 1% 的水平内显著。

表 4-22　响应值 Y 回归模型方差分析

响应值	误差来源	离差平方和	自由度	均方差	F 值	p 值
	模型	1 369.12	14	97.79	55.41	< 0.000 1
	残差	26.47	15	1.76		
Y	失拟值	18.74	10	1.87	1.21	0.440 7
	净误差	7.73	5	1.55		
	总离差	1 395.59	29			
	R^2=98.10%			Adj·R^2=96.33%		

表 4-23　响应值 K 的方差分析

响应值	误差来源	离差平方和	自由度	均方差	F 值	p 值
	X_1	0.12	1	0.12	6.75	0.020 1*
	X_2	0.09	1	0.09	5.15	0.038 5*
	X_3	0.27	1	0.27	15.33	0.001 4**
	X_4	1.34	1	1.34	76.52	< 0.000 1**
	X_1X_2	0.63	1	0.63	36.3	< 0.000 1**
	X_1X_3	1.32×10^{-4}	1	1.32×10^{-4}	7.58×10^{-3}	0.931 8
	X_1X_4	0.13	1	0.13	7.47	0.015 4*
K	X_2X_3	0.2	1	0.2	11.55	0.004**
	X_2X_4	3.77×10^{-3}	1	3.77×10^{-3}	0.22	0.648 8
	X_3X_4	0.15	1	0.15	8.67	0.010 1*
	X_1^2	1.26	1	1.26	72.32	< 0.000 1**
	X_2^2	2.47	1	2.47	141.69	< 0.000 1**
	X_3^2	10.89	1	10.89	623.68	< 0.000 1**
	X_4^2	5.16	1	5.16	295.87	< 0.000 1**

*表示在 5% 的水平内显著，**表示在 1% 的水平内显著。

表 4-24　响应值 K 回归模型方差分析

响应值	误差来源	离差平方和	自由度	均方差	F 值	p 值
	模型	18.04	14	1.29	73.82	< 0.000 1
	残差	0.26	15	0.017		
K	失拟值	0.24	10	0.024	4.55	0.054 2
	净误差	0.026	5	5.19×10^{-3}		

续表

响应值	误差来源	离差平方和	自由度	均方差	F 值	p 值
K	总离差	18.3	29			
	$R^2=98.57\%$			$\text{Adj·}R^2=97.23\%$		

由表 4-21 及图 4-23(a～b)表明，对于 Y，X_1 和 X_2 及 X_2 和 X_3 交互作用极显著（$p<0.01$）。在所选取的 NaH_2PO_4（X_1）范围内，Y 随着[C₄mim]BF₄（X_2）质量浓度增大而增大，然后缓慢下降。由此推断，高浓度的[C₄mim]BF₄ 会阻碍酶在上下相的分配，从而影响 Y。在所选取的[C₄mim]BF₄ 范围内，高浓度的离子液体区，曲线随着酶添加量的增大而增大，达到最大值 98.12%，继而平缓下降，下降不明显，低浓度的离子液体区时，曲线先升高，再降低，整体上 Y 较小。当酶在上相（离子液体相）分配达到饱和后，会被迫转移到下相，导致 Y 的降低。

表 4-23 及图 4-23(c～d)表明，对于 K，X_1 和 X_2 及 X_2 和 X_3 交互作用极显著（$p<0.01$）。在所选取的[C₄mim]BF₄（X_2）范围内，K 呈现抛物线形状，适当的 NaH_2PO_4（X_1）可增加 K，但是过多又会对 K 造成影响，K 在 $X_1=0.40$ 附近，达到最大值 4.7。在所选取的木瓜蛋白酶添加量（X_3）范围内，当[C₄mim]BF₄（X_2）和木瓜蛋白酶添加量（X_3）同时增大时，K 到达最高点后呈现下降趋势，过多或过少的木瓜蛋白酶添加量（X_3）都会对蛋白质分配系数产生影响，甚至造成酶的浪费。

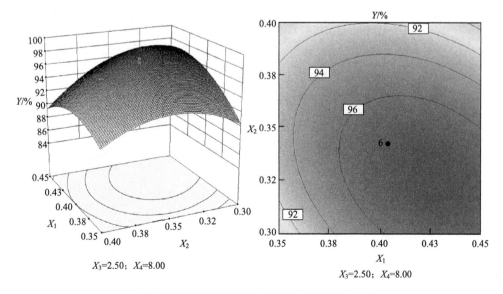

（a）离子液体浓度和盐浓度对酶活性回收率的交互影响

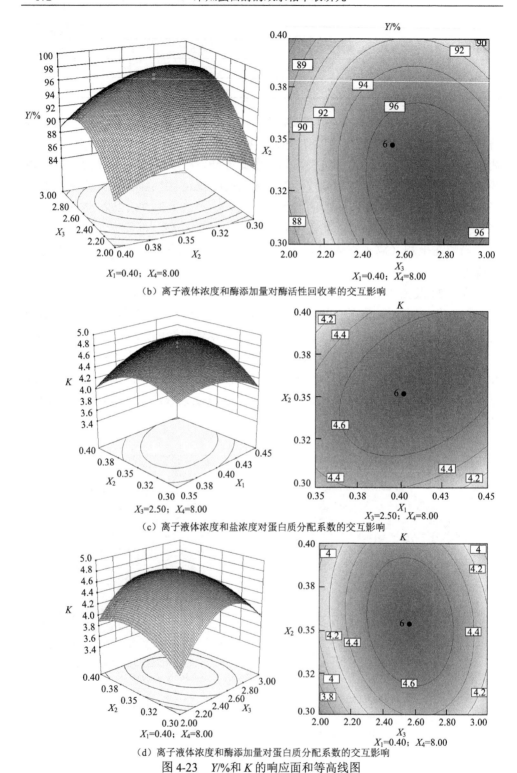

（b）离子液体浓度和酶添加量对酶活性回收率的交互影响

（c）离子液体浓度和盐浓度对蛋白质分配系数的交互影响

（d）离子液体浓度和酶添加量对蛋白质分配系数的交互影响

图 4-23　Y/%和 K 的响应面和等高线图

4.4.8　模型的验证

为了更好地将[C₄mim]BF₄/NaH₂PO₄ 双水相萃取木瓜蛋白酶工艺应用到实践中去,在已建立模型的基础上,设定优化目标响应值 Y 和 K 达到最大,通过 Design-Expert.8.05b 软件来预测模型的最优条件: 0.41 g/ml 的 NaH₂PO₄, 0.34 g/ml 的 [C₄mim]BF₄,酶添加量为 2.62 mg/ml,pH 8.28,温度 298.15K。为验证实验结果的可靠性,在上述最佳条件下进行实验。

①直接投酶法:实验值为 Y(97.45%)和 K(4.77),相应的预测值为 Y(97.61%)和 K(4.69),预测值和实验值有较高的一致性,平均相对误差仅为 1.7%,表明该离子液体双水相体系萃取木瓜蛋白酶的系统优化是有效的。

②提取投酶法:用洁净的容器从未成熟的番木瓜青果中收集白色乳液,在 0.15 MPa、60℃的条件下真空干燥,直至其中水分含量小于 6%,充分粉碎,制得粗酶。分别测定离子液体双水相体系中的木瓜蛋白酶活性和木瓜蛋白酶浓度,计算出酶活性回收率和分配系数。在最佳实验条件下,得到实验值为 Y(96.11%)、K(4.54)和预测值 Y(97.56%)、K(4.71),实验值和预测值平均相对误差小于 3.8%,实验值与直接投酶法实验值比较,平均相对误差小于 3.4%,证明该模型对木瓜蛋白酶的萃取优化是有效的。

4.4.9　SDS-PAGE电泳结果

1. 主要试剂及配制

SDS-PAGE 电极缓冲液:三羟甲基氨基甲烷(C₄H₁₁NO₃)3.0 g,十二烷基硫酸钠(C₁₂H₂₅-OSO₃Na)1.0 g,甘氨酸(C₂H₅NO₂)14.4 g,蒸馏水定容至 1000 ml。

BPB 指示剂:甘油 0.1ml,溴酚蓝 1.0 mg,加入 0.9 ml 蒸馏水。

四甲基乙二胺(TEMED)和 A、B、C、D 溶液。

试样处理液:十二烷基硫酸钠 0.1 g,C 溶液 1.0 ml,甘油(C₃H₈O₃)2.0 ml,蒸馏水定容至 10 ml。

染色液:甲醇(CH₃OH)300 ml,乙酸(CH₃COOH)100 ml,考马斯亮蓝 R-250 1.0 g,蒸馏水定容至 1000 ml。

脱色液:甲醇 300 ml,乙酸(CH₃COOH)100 ml,蒸馏水定容至 1000 ml。

2. 实验步骤

①将玻璃板清洗干净并分别置于电泳槽两侧,充入蒸馏水验漏;

②配制 15%的分离胶 9.0 ml,缓慢加入玻璃板夹层中,避免气泡产生,再加

入蒸馏水液封，大约 30 min 后凝固；

　　③配制 4.5%的浓缩胶 0.9 ml，除去上层水，标记分离胶位置，分别加入浓缩胶，插上电泳梳子，大约 20 min 后凝固；

　　④样品∶试样处理液=1∶1（体积比）进行处理，上样前沸水浴 5 min；

　　⑤电极缓冲液加入电泳槽至挡板处， 缓慢拔出电泳梳子，避免气泡产生，上样 10.0 μl；

　　⑥在 80 V 条件下进行压线，待样品出现在同一水平线后电压升高至 120 V；

　　⑦电泳结束后，将胶片在水平振荡的条件下染色 30 min；

　　⑧脱色液连续脱色 3～4 次，每次大约 1.0 h，直到条带清晰。

　　按照上面的实验方法，配制 15%的分离胶进行电泳，在 80 V 条件下压线后升至 120 V 至电泳结束，结果如图 4-24，第 1、第 2 泳道代表粗木瓜蛋白酶体系；第 3、第 4 泳道代表 [C₄mim]Br/K₂HPO₄ 双水相体系；第 5、第 6 泳道代表 [C₄mim]Cl/K₂HPO₄ 双水相体系；第 7 泳道代表标准蛋白质泳道；第 8、第 9 泳道代表[C₄mim]BF₄/NaH₂PO₄ 双水相体系。

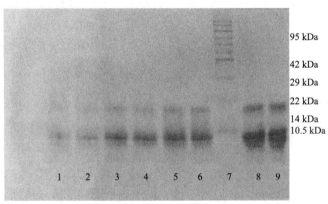

图 4-24　样品电泳图

　　由图 4-24 可知，第 1、第 2、第 3、第 4 泳道均含有三个条带，分别在 10.5 kDa、22 kDa、29 kDa 附近，因为木瓜蛋白酶分子质量是 21 kDa，故中间条带是由该酶形成的，而其余条带是由于粗酶制品中除了含有木瓜蛋白酶外，还有木瓜凝乳蛋白酶、溶菌酶及其他杂蛋白（He et al.，2010）。[C₄mim]Br/K₂HPO₄ 双水相体系中间条带的浓度高于第 1、第 2 泳道条带浓度，而 29 kDa 附近条带浓度低于第 1、第 2 泳道浓度，说明该双水相体系对木瓜蛋白酶提纯是有效的。

　　第 5、第 6、第 8、第 9 泳道都含有两个条带，集中在 22 kDa 和 10.5 kDa 附近，与其他泳道相比，在 22 kDa 附近条带浓度明显增大，说明[C₄mim]Cl/K₂HPO₄ 双水相体系和[C₄mim]BF₄/NaH₂PO₄ 双水相体系对木瓜蛋白酶的提纯有效，并且优于[C₄mim]Br/K₂HPO₄ 双水相体系，因为第 8、第 9 泳道在 22 kDa 附近的浓度明显高于其他所有泳道，故[C$_4$mim]BF$_4$/NaH$_2$PO$_4$双水相体系对木瓜蛋白酶的提纯效果是最好的。

综上所述，以上三种体系对粗木瓜酶制品的提纯都起到了一定作用，其中[C$_4$mim]BF$_4$/NaH$_2$PO$_4$双水相体系效果最好，其次是[C$_4$mim]Cl/K$_2$HPO$_4$双水相体系和[C$_4$mim]Br/K$_2$HPO$_4$双水相体系。主要是因为离子液体是由阴离子和阳离子组成，[C$_4$mim]BF$_4$的阴离子与提供质子能力较强的小分子溶剂之间具有较强的氢键作用，在阳离子相同时，其氢键作用最强（Prado et al., 2016）。

4.5　讨　　论

4.5.1　离子液体双水相体系液/液/固边界线的评价

目前，国内外关于木瓜蛋白酶利用离子液体双水相萃取技术的研究报道还比较少，完整的双水相区域报道就更少了，基本上都是通过双节线确定双水相区域，对于持续向双水相体系中添加盐、离子液体或者其他高聚物会对双水相产生什么影响并没有深入的研究。液/液/固边界线就是双水相变为三相时的分界线，它与双节线形成了闭合区域，确定了完整的双水相区域，并且在一定程度上，通过液/液/固边界线的斜率可以反应不同成相剂成相能力的大小，为后续利用合适的离子液体成相剂提纯木瓜蛋白酶打下基础。

4.5.2　离子液体双水相体系液-液相平衡的评价

在木瓜蛋白酶的提纯实验中，液-液相平衡数据是实验设计、工艺优化及模型建立方面的基础。目前，该数据相对比较缺乏，测定完整双水相区域内不同体系的液-液相平衡数据，不仅为其应用提供了一定的参考，同时也在一定程度上丰富了相平衡的数据库。通过测定液/液/固边界线上的相平衡数据，可以充分认识系线和液/液/固边界线之间的关系，为后续模型的建立提供一定的理论指导。

4.5.3　离子液体双水相体系萃取木瓜蛋白酶模型的评价

对于含有木瓜蛋白酶的双水相体系，充分考虑其在体系中相互作用的情况下，以相图为指导，在液-液相平衡数据的支持下，建立了该酶在离子液体双水相体系中的分配系数K和各组分浓度之间的模型。通过各组分浓度和分配系数K之间的分析，选择相关性较高的一组或几组，建立分配模型，并与其他模型进行比较和验证，该模型表达式简单，相对偏差均小于7.0%，能准确地预测木瓜蛋白酶在该双水相体系中的分配行为。

4.5.4　有待进一步研究的方向和内容

　　离子液体双水相体系萃取木瓜蛋白酶虽然具有高效、环保且能维持其生物活性等优势，但是没有系统的理论对离子液体和木瓜蛋白酶相互作用的机制进行完善的解释，故还可以从以下方面进行研究：

　　①离子液体理化性质和结构之间的关系；

　　②针对离子液体体系中富集木瓜蛋白酶相，采用电泳、红外光谱、电镜、质谱等现代仪器进行酶纯度、结构检测，根据体系中木瓜蛋白酶的物理表征，判断其与离子液体结合的可能位点，并进行分子模拟；

　　③木瓜蛋白酶和离子液体的结合规律；

　　④离子液体毒性研究及模型的建立；

　　⑤本书模型的建立并没有考虑温度及体系 pH 对模型的影响，后续可对模型加以修正，使之适用范围扩大；

　　⑥木瓜蛋白酶下游分离技术的选择及优化。

参 考 文 献

曹红，段海燕，李春，2012. 离子液体超声-微波协同制取洋葱精油[J]. 化工学报，63(3)：826-833.

曹玲，李雪琴，程建文，2015. 修正的 Wilson 模型对含离子液体体系的关联和预测[J]. 山东化工，44(22)：130-133.

董安华，张海德，彭健，等，2014. PEG/(NH₄)₂SO₄双水相相平衡数据的关联及木瓜蛋白酶在该体系中分配模型的建立[J]. 现代食品科技，30(10)：194-199.

邓凡政，郭东方，2006. 离子液体双水相体系萃取分离牛血清蛋白[J]. 分析化学，34(10)：1451-1453.

范杰平，曹婧，孙涛，等，2011. [Bmim]Br-K₂HPO₄双水相萃取与超声耦合法提取葛根中的葛根素及其优化[J]. 高等化学工程学报，25(6)：955-960.

关卫省，范芳芳，李宇亮，2015. 离子液体双水相气浮溶剂浮选分离/富集水样中的盐酸多西环素的研究[J]. 安全与环境学报，15(2)：184-188.

黄松云，2013. 功能化离子液体的合成及其在蛋白质萃取分离中的应用[D]. 长沙. 湖南大学. 2013.

侯雪丹，娄文勇，颜丽强，等，2012. 离子液体对木瓜蛋白酶催化特性的影响[J]. 高等学校化学学报，33(6)：1245-1251.

李明，2014. 离子液体的构建及在非水生物催化合成天然香料中的应用[D]. 无锡：江南大学.

吕会超，王艳飞，2015. 离子液体双水相体系相平衡的动态参数模拟[J]. 河南师范大学学报（自然科学版），43(4)：74-78.

南二龙，2014. 亲水有机溶剂/盐双水相体系中液/液/固边界线的研究及相比数据库的建立[D]. 上海：东华大学.

彭健, 张海德, 蒋梦诗, 等, 2015. 木瓜蛋白酶在 PEG/PEG-IDA-Fe^{3+}/(NH$_4$)$_2$SO$_4$ 亲和双水相中的分配系数模型[J].
　　农业工程学报, 31(17): 295-301.

万婧, 张海德, 韩林, 2010. 乙醇提取海南番木瓜中木瓜蛋白酶的工艺研究[J]. 食品科技, 35(3): 222-226.

王军, 张艳, 时召俊, 等, 2009. N-乙基-N-丁基吗啉离子液体双水相体系萃取分离蛋白质[J]. 应用化工, 28(1):
　　70-72.

王伟涛, 2014. 木瓜蛋白酶的双水相萃取研究[D]. 海口: 海南大学.

王伟涛, 张海德, 蒋志国, 等, 2014. 离子液体双水相提取木瓜蛋白酶及条件优化[J]. 现代食品科技, 30(9): 210-
　　216.

王伟涛, 蒋志国, 张海德, 等, 2015. 木瓜蛋白酶在离子液体双水相中的分配行为[J]. 化工学报, 66(1): 179-185.

吴显荣, 2005. 木瓜蛋白酶的开发与应用[J]. 中国农业大学学报, 10(6): 11-15.

谢国红, 王跃军, 孙谧, 2006. Triton X-100-无机盐双水相体系的相平衡模型及碱性蛋白酶在该体系中的分配系数
　　模型[J]. 化工学报, 57(9): 2027-2032.

赵瑾, 2007. 含离子液体体系汽液相平衡的测定及模型化的研究[D]. 北京: 北京化工大学.

中华人民共和国卫生部, 2010a. 食品按照国家标准　食品添加剂　磷酸氢二钾: GB 25561—2010[S/OL].(2010-12-
　　21)[2017-12-22]. http://bz.cfsa.net.cn/staticPages/D7C56014-3BF6-4F65-905E-AB26AF169F59.html.

中华人民共和国卫生部, 2010b. 食品按照国家标准　食品添加剂　磷酸二氢钠: GB 25564—2010[S/OL]. (2010-12-
　　21)[2017-12-22]. http://bz.cfsa.net.cn/staticPages/3A53B626-551D-4819-9B5A-F0A4340E0DDF.html.

周存山, 马海乐, 胡文彬, 2006. 多斑紫菜多糖提取工艺的优化[J]. 农业工程学报, 22(9): 194-197.

Claudio A F M, Freire M G, Freire C S R, et al., 2010. Extracon of vanillin using ionic-liquid-based aqueous two-phase
　　systems[J]. Separation and Purification Technology, 75(1): 39-47.

Du Z, Yu Y L, Wang J H, 2007. Extraction of proteins from biological fluids by use of an ionic liquid/aqueous two-phase
　　system[J]. Chemistry-A European Journal, 13(7): 2130-2137.

Eckstein M, Sesing M, Kragl U, 2002. At low water activity α-chymotrypsin is more active in an ionic liquid than in
　　nonionic organic solvents[J]. Biotechnology Letters, 24(11): 867-871.

Erbeldinger M, Mesiano A J, Russell A J, 2000. Enzymatic catalysis of for-mation of Z-aspartame in ionic liquid—An
　　alternative to enzymatic catalysis in organic solvent [J]. Biotechnology Progress, 16(6): 1129-1132.

Gutowski K E, Broker G A, Willauer H D, et al., 2003. Controlling the aqueous miscibility of ionic liquids: aqueous
　　biphasic systems of water-miscible ionic liquids and water-structuring salts for recycle, metathesis, and separations [J].
　　Journal of the American Chemical Society, 125(22): 6632-6633.

Kamiya N, Matsushita Y, Hanaki M, et al., 2008. Enzymatic in situ saccharification of cellulose in aqueous-ionic media[J].
　　Biotechnology Letters, 30(6): 1037-1040.

Kato R, Krummen M, Gmehling J, et al., 2004. Measurement and correlation of vapor-liquid equilibria and excess
　　enthalpies of binary systems containing ionic liquids and hydrocarbons[J]. Fluid Phase Equilib, 224(1): 47-54.

Li Z Y, Pei Y C, Wang H Y, et al., 2010. Ionic liquids aqueous two-phase systems and their application in green separation
　　process[J]. Trends in Analytical Chemistry, 29(11): 1336-1346.

Lu Y M，Lu W J，Wang W，et al.，2011. Thermodynamic studies of partitioning behavior of cytochrome c in ionic liquid-based aqueous two-phase system[J]. Talanta，85(3)：1621-1626.

Othmer D F，Tobias P E，1942. Liquid-liquid extraction data toluene and acetaldehyde systems[J]. Industrial & Engineering Chemistry，34(6)：690-692.

Pei Y C，Li Z Y，Liu L，et al.，2010. Selective separation of protein and saccharides by ionic liquids aqueous two-phase systems[J]. Science China Chemistry，53(7)：1554-1560.

Poole C F，Poole S K，2010. Extraction of organic compounds with room temperature ionic liquids[J]. Journal of Chromatography A，1217(16)：2268-2286.

Prado R，Erdocia X，Labidi J，2016. Study of the influence of reutilization ionic liquid on lignin extraction[J]. Journal of Cleaner Production，111(A)：125-132.

Ruiz-Angel M J，Pino V，Carda-Broch S，et al.，2007. Solvent systems for countercurrent chromatography：an aqueous two phase liquid system based on a room temperature ionic liquid[J]. Journal of Chromatography A，1151(1)：65-73.

Sattari M，Kamari A，Mohammadi A H，et al.，2016. On the prediction of critical temperatures of ionic liquids：model development and evaluation[J]. Fluid Phase Equilibria，411：24-32.

Szabo A，Kotorman M，Laczko I，et al.，2009. Improved stability and catalytic activity of chemically modified papain in aqueous organic solvents[J]. Process Biochemistry，44(2)：199-204.

Walden P，1914. Molecular weights and eleetrical conductivity of several fused salts[J]. Bulletin of the Imperial Academy of Sciences (Saint Petersburg)，1800：405-422.

Wang Y，Yan Y，Hu S，et al.，2009. Phase diagrams of ammonium sulfate+ethanol/1-propanol/2-propanol+water aqueous two-phase system at 298.15K and correlation[J]. Journal of Chemical & Engineering Data，55(2)：876-881.

Wilkes S J，Zaworotko M J.，1992. Air and water stable 1-ethyl-3-methylimidazolium based-ionic liduids[J]. Chemical Communications，(13)：965-967.

Zafarani-Moattar M T，Sadeghi R，Hamidi A A，2004. Liquid-liquid equilibrium of an aqueous two-phase system containing polyethylene glycol and sodium citrate：experimental and correlation[J]. Fluid Phase Equilibria，219(2)：149-155.